"十四五"时期国家重点出版物出版专项规划项目
• 北京理工大学"双一流"建设精品出版工程
• 6G 前沿技术丛书

6G 智能 MIMO 通信：
基于人工智能的传输技术

高 镇　吴铭晖　王 洋 / 著

北京理工大学出版社
BEIJING INSTITUTE OF TECHNOLOGY PRESS

内 容 简 介

本书既有对传统通信理论的回顾和反思，也有对前沿人工智能技术在通信领域应用的深入探讨。全书不仅详细介绍了智能信号处理与深度学习模型的基本原理，还结合实际案例和仿真结果，剖析了各类算法在信道估计、信道反馈、波束赋形以及端到端系统设计中的优势和局限。书中穿插了大量精心制作的图表和示意图，从而更直观地展示模型结构、算法流程及其性能对比，帮助读者更好地理解复杂技术背后的理论逻辑和工程实践。

全书理论联系实际，图文并茂，既适合作为科研人员参考书籍和本科生与研究生的教材，也为通信系统的工程实践提供了切实可行的技术方案。希望本书能够激发更多学者对6G智能通信技术的深入探索，共同推动下一代无线通信的发展与创新。

版权专有　侵权必究

图书在版编目（CIP）数据

6G智能MIMO通信：基于人工智能的传输技术 / 高镇，吴铭晖，王洋著 . -- 北京：北京理工大学出版社，2025.2.
ISBN 978-7-5763-5163-7

Ⅰ．TN92

中国国家版本馆CIP数据核字第2025HQ3646号

责任编辑：王玲玲　　**文案编辑：**王玲玲
责任校对：刘亚男　　**责任印制：**李志强

出版发行 / 北京理工大学出版社有限责任公司
社　　址 / 北京市丰台区四合庄路6号
邮　　编 / 100070
电　　话 / （010）68944439（学术售后服务热线）
网　　址 / http://www.bitpress.com.cn

版 印 次 / 2025年2月第1版第1次印刷
印　　刷 / 保定市中画美凯印刷有限公司
开　　本 / 710 mm×1000 mm　1/16
印　　张 / 11.25
字　　数 / 195千字
定　　价 / 68.00元

图书出现印装质量问题，请拨打售后服务热线，负责调换

前言

在当今信息技术高速发展的时代，移动通信技术已成为支撑全球经济与社会发展的关键基础设施。从 2G 到 5G，通信技术的每一次跃迁都深刻改变了人们的生活方式和产业结构。如今，随着全球数据爆炸式增长和万物互联趋势的日益显著，传统通信系统正面临前所未有的挑战与机遇，6G 无线通信应运而生，旨在满足更高的数据速率、更低的时延以及更智能化的网络需求。

6G 通信不仅仅是速度和容量的提升，更是一场全新的技术变革。智能 MIMO 通信作为 6G 系统的重要组成部分，其核心在于如何在复杂的多径、干扰以及高频传播环境中，实现高效、可靠的信息传输。为此，传统的信号处理和通信理论亟需引入全新的思维方式和技术手段。而人工智能，尤其是深度学习和强化学习技术，正逐渐成为破解这些难题的有力工具。通过数据驱动与模型驱动的深度融合，人工智能不仅能够优化信道估计、波束赋形和信道反馈等关键技术，还能实现通信系统端到端的智能设计，从而大幅提升系统性能和资源利用效率。

本书正是在这样的背景下精心编写而成的。全书共分为 8 章，系统论述了 6G 无线通信中智能 MIMO 技术的理论基础、技术挑战及创新应用，主要内容概括如下。

第 1 章回顾了通信系统的发展历程，阐述了传统蜂窝通信在物理层架构、能效以及无线覆盖等方面的不足，并提出了智能通信的新思路和研究方向，为后续内容奠定了理论基础。

第 2 章介绍了人工智能技术的基本原理和最新进展，涵盖了从传统卷积神经网络和循环神经网络到基于注意力机制的先进模型，同时讨论了如何将智能信号处理方法融入通信系统，实现数据驱动与模型驱动的有机结合。

第 3~6 章是全书的核心部分，分别从以下几个关键应用方向展开讨论。

● 基于人工智能技术的毫米波大规模 MIMO 信道估计：详细描述了数据驱动和模型驱动两大类方法的系统模型、算法设计及性能分析。

● 基于人工智能技术的信道压缩反馈：探讨了 CSI 反馈方案的创新设计及其在复杂信道环境下的应用优势。

● 基于人工智能技术的波束赋形设计：分别从全数字和混合模拟 – 数字阵列架构两方面介绍了波束赋形技术，并通过仿真实验展示了各方案的性能表现。

● 基于人工智能技术的可重构智能表面信道估计：结合智能表面的物理和信道建模，研究了基于人工智能技术的导频传输和信道估计策略。

第 7 章围绕端到端通信系统设计展开，重点介绍了 TDD 系统和 FDD 系统中基于深度学习的端到端优化方案，以及 RSMA 技术在系统中的应用，为构建高效智能通信网络提供了全新的技术路径。

第 8 章则将视角延伸至无人机通信领域，通过引入深度强化学习方法，讨论了多用户无人机通信下的二维及三维轨迹优化问题，为无人机在未来 6G 网络中的广泛应用提供了理论依据和实践指导。

此外，本书的编写凝聚了多位专家学者的智慧和心血，既涵盖了通信系统工程的实战经验，也兼顾了理论研究的前瞻性。我们希望通过本书，不仅为学术研究人员提供系统性的理论指导，还为通信领域的工程技术人员提供切实可行的技术方案。此外，本书还可以作为本科生和研究生的专业选修课程教材。面对未来无线通信网络中日益复杂的应用场景与技术挑战，本书旨在激发更多学者和工程师开展跨学科、跨领域的深入探索，共同推动 6G 乃至未来无线通信技术的不断创新与突破。

在此，我们衷心感谢所有支持和参与本书编写的专家、同仁及相关科研机构，是他们的无私奉献和持续努力，使本书能够系统、全面地呈现 6G 智能 MIMO 通信领域的最新成果与发展趋势。这本书主要由高镇、吴铭晖、王洋合作完成，同时也采纳了刘仕聪和马西锁提供的相关资料。特此鸣谢刘仕聪和马西锁的贡献，尽管他们没有出现在本书的作者列表中。我们期待本书能成为广大读者在理论研究、技术开发及工程实践中的重要参考资料，也希望能为未来通信网络的智能化升级贡献一份力量。

目 录
CONTENTS

第1章 绪论 ··· 1
1.1 通信系统发展概述 ····································· 1
1.2 传统蜂窝通信的局限性 ································ 2
    1.2.1 物理层架构 ······································· 2
    1.2.2 能效 ··· 4
    1.2.3 无线覆盖 ··· 5
1.3 智能通信 ··· 6

第2章 人工智能技术简介 ··································· 8
2.1 背景 ··· 8
    2.1.1 传统卷积模型 ····································· 8
    2.1.2 传统循环模型 ····································· 14
    2.1.3 基于注意力模块的最新进展 ························· 16
2.2 将智能信号处理整合到通信系统中 ···················· 17
    2.2.1 回归问题 ··· 18
    2.2.2 生成问题 ··· 18
2.3 小结 ··· 19

第3章 基于人工智能技术的毫米波大规模 MIMO 信道估计 ··································· 20
3.1 引言 ··· 20
3.2 基于数据驱动深度学习的毫米波大规模 MIMO 信道估计 ········ 21
    3.2.1 系统模型 ··· 22

3.2.2 基于数据驱动深度学习的毫米波大规模 MIMO 信道估计 … 23
  3.2.3 性能分析 … 25
  3.2.4 小结 … 27
 3.3 基于模型驱动深度学习的毫米波大规模 MIMO 信道估计 … 28
  3.3.1 信号模型 … 28
  3.3.2 帧结构设计 … 29
  3.3.3 MMV-LAMP 网络 … 30
  3.3.4 性能分析 … 35
  3.3.5 小结 … 38

第 4 章 基于人工智能技术的信道压缩反馈 … 39
 4.1 引言 … 39
 4.2 基于深度学习的 CSI 反馈 … 40
  4.2.1 系统模型 … 40
  4.2.2 提出的 CSI 反馈方案 … 41
 4.3 仿真 … 43
  4.3.1 仿真设置 … 43
  4.3.2 不同 CSI 反馈方案的性能比较 … 44
 4.4 小结 … 46

第 5 章 基于人工智能技术的波束赋形设计 … 47
 5.1 引言 … 47
 5.2 问题建模 … 48
 5.3 基于数据驱动的大规模 MIMO 系统波束赋形 … 50
  5.3.1 全数字阵列波束赋形方案 … 50
  5.3.2 扩展至混合模拟–数字阵列架构 … 51
 5.4 基于模型驱动的大规模 MIMO 系统波束赋形 … 52
  5.4.1 模型介绍 … 53
  5.4.2 全数字阵列波束赋形方案 … 56
  5.4.3 扩展至混合模拟–数字架构 … 56
 5.5 数值结果 … 58
  5.5.1 仿真设置 … 58
  5.5.2 基于数据驱动的波束赋形方案 … 58
  5.5.3 基于模型驱动的波束赋形方案 … 60
 5.6 小结 … 64

第 6 章　基于人工智能技术的可重构智能表面信道估计 …… 65

6.1　引言 …… 67
6.2　系统模型 …… 68
6.2.1　智能表面物理建模 …… 68
6.2.2　信道建模 …… 71
6.3　基于人工智能技术的可重构智能表面信道估计 …… 73
6.3.1　导频传输方案 …… 73
6.3.2　基于贪婪迭代的初步估计 …… 74
6.3.3　基于盲去噪器的估计增强 …… 78
6.4　性能分析 …… 80
6.5　小结 …… 85

第 7 章　端到端通信系统设计 …… 86

7.1　端到端设计简介 …… 86
7.2　基于端到端设计的智能通信系统 …… 89
7.2.1　系统模型 …… 89
7.2.2　TDD 大规模 MIMO-OFDM 基于端到端设计的智能通信系统 …… 91
7.2.3　FDD 大规模 MIMO-OFDM 基于端到端设计的智能通信系统 …… 96
7.2.4　基于 RSMA 的端到端智能通信系统 …… 104
7.3　仿真性能对比 …… 110
7.3.1　仿真设置 …… 110
7.3.2　TDD 端到端通信系统中数值仿真结果 …… 112
7.3.3　FDD 端到端通信系统数值仿真结果 …… 112
7.3.4　基于 RSMA 的端到端通信系统性能 …… 115
7.3.5　泛化性能分析 …… 116
7.3.6　低分辨率移相器性能分析 …… 118
7.4　小结 …… 119

第 8 章　基于人工智能的无人机通信 …… 120

8.1　本章简介与内容安排 …… 120
8.2　基于 DRL 的多用户 SISO UAV 通信下的二维轨迹优化 …… 122
8.2.1　系统模型 …… 122

8.2.2　马尔可夫决策过程问题重构 …………………… 126
　　8.2.3　基于TD3的无人机轨迹设计 …………………… 128
　　8.2.4　仿真数值结果 …………………………………… 131
8.3　基于DRL的多用户MISO无人机通信下的三维轨迹优化 …… 138
　　8.3.1　系统模型 ………………………………………… 138
　　8.3.2　基于DDPG的无人机轨迹优化 ………………… 143
　　8.3.3　仿真数值结果 …………………………………… 144
8.4　小结 ………………………………………………………… 146

参考文献 ……………………………………………………… **148**

插图和附表清单

图 2.1   **AlexNet** 的架构（图中顶部的层部分由一个 GPU 处理，而底部的层部分由另一个 GPU 管理。GPU 之间的通信仅在特定的层发生，确保在处理任务期间的高效协调）········ 9

图 2.2   **VGG** 模型的不同配置示意图（从（A）到（E），配置的深度从左侧（A）到右侧（E）增加，因为添加了更多层。卷积层的表示形式为"conv 卷积核大小 – 通道数"，全连接层的表示形式为"FC– 输出维度"）········ 10

图 2.3   **Inception** 模块的架构 ········ 10

图 2.4   **Xception** 模块的架构 ········ 11

图 2.5   残差学习模型的构建块 ········ 12

图 2.6   空间变换 ········ 12

图 2.7   卷积块注意力模块 ········ 13

图 2.8   挤压 – 激励块 ········ 13

图 2.9   双重注意力网络 ········ 13

图 2.10   Vanilla RNN 模型的基本模块 ········ 14

图 2.11   不同 RNN 结构的示例 ········ 15

图 2.12   一个基本 LSTM 单元 ········ 15

图 2.13   Transformer 模型架构 ········ 17

图 2.14   CSINet 的基本架构 ········ 18

图 2.15   ChannelGAN 的框架 ········ 19

图 2.16   语义通信系统的架构 ········ 19

图 3.1   本节中考虑的典型信道场景 ········ 23

图 3.2   端到端的深度神经网络框架（用于联合设计导频信号和信道估计器）········ 24

图 3.3   基于单环信道模型的低频段大规模 MIMO 系统中不同信道估计方案的 NMSE 性能仿真对比 ········ 27

图 3.4   基于单环信道模型的低频段大规模 MIMO 系统中不同信道估计方案的 NMSE 性能仿真对比（角度扩展 $\Delta\theta \pm 3.75°$）········ 27

图 3.5   所提出的用于通信传输的信号帧结构 ········ 30

图 3.6   所提出的 MMV–LAMP 网络的第 t 层结构（其中可训练参数为 $\{\boldsymbol{B}, \boldsymbol{\theta}\}$）········ 32

图 3.7 所提出的基于模型驱动深度学习的上行链路信道估计方案的框图（其中包含一个信道压缩网络和一个基于 MMV-LAMP 网络的信道重构网络）............ 32

图 3.8 所提出的全连接信道压缩网络（其中可训练参数为 $\{\mathbf{\Xi}\}$，对应于合并器矩阵 $\boldsymbol{F}_{UL}$）............ 33

图 3.9 所提出的基于 MMV-LAMP 网络的信道重构网络（其中可训练参数为 $\{\boldsymbol{B}_{UL}, \boldsymbol{\theta}_{UL}\}$）............ 34

图 3.10 不同信道估计方案的 NMSE 性能对比 36

图 3.11 不同信道估计方案的 NMSE 性能对比（a）和多载波性能对比（b）............ 37

图 3.12 冗余字典有效性（a）和多载波训练有效性（b）............ 37

图 4.1 所提出的深度学习方案用于联合优化 BS 的下行链路先导信号、UE 的上行链路 CSI 反馈和 BS 的 CSI 重构（CSI 获取网络（CSI Acquisition Network，CAN））............ 42

图 4.2 不同方案的 NMSE 性能与导频 OFDM 符号数的关系（$B=32$，$P_t=40$ dBm）............ 44

图 4.3 不同方案的 NMSE 性能与发射功率的关系（$B=32$，$Q=16$）............ 45

图 4.4 不同方案的 NMSE 性能与反馈信令开销的关系（$Q=16$，$P_t=40$ dBm）............ 45

图 4.5 提出的 CAN 的收敛过程（$Q=16$，$P_t=40$ dBm）............ 46

图 5.1 单用户大规模 MIMO 系统的下行链路混合波束赋形系统模型 49

图 5.2 基带波束赋形器和射频模拟波束赋形器 50

图 5.3 射频模拟波束赋形器 51

图 5.4 射频模拟合并器 52

图 5.5 SOR 方法的单次迭代过程 55

图 5.6 三种模型在不同 SNR 下的误码率性能（$N_c=8$）............ 59

图 5.7 三种模型在不同 SNR 下的误码率性能（$N_c=100$）............ 60

图 5.8 具有完美下行链路 CSI 的每个 UE 的平均 SE 性能（基于 SOR 的方法迭代 $L_{max}=10$ 次，$\omega=1$）............ 61

图 5.9 具有完美下行链路 CSI 和变化的发射功率 P_{BS} 的每个 UE 的平均 SE 性能 61

图 5.10 具有不完美下行链路 CSI 和提出的数字波束赋形方案在不完美下行链路 CSI 和变化的发射功率 PBS 下，每个 UE 的平均 SE 性能 62

图 5.11　提出的混合波束赋形方案在不完美下行链路 CSI 和变化的发射功率 P_{BS} 下，每个 UE 的平均 SE 性能 ·················· 62

图 5.12　提出的深度展开波束赋形方案在不完美下行链路 CSI 和变化的发射功率 P_{BS} 下，每个 UE 的平均 SE 性能 ·················· 63

图 5.13　提出的深度展开波束赋形方案在不完美下行链路 CSI 和变化的发射功率 P_{BS} 下，每个 UE 的收敛性能 ·················· 63

图 6.1　RIS 辅助的通信系统模型 ·················· 69

图 6.2　接收信噪比范围 ·················· 72

图 6.3　多径 $L=6$ 的信道（角度域）·················· 73

图 6.4　单观测矢量与多观测矢量性能对比 ·················· 77

图 6.5　过完备字典下的分辨率展示 ·················· 77

图 6.6　DnCNN 深度去噪网络的主要结构图 ·················· 80

图 6.7　基于压缩感知 OMP 方案的 NMSE- 观测数 M 性能对比 ·················· 81

图 6.8　OMP 与 MP 算法在不同信噪比下性能对比 ·················· 82

图 6.9　OMP 及其改进算法性能对比 ·················· 83

图 6.10　改进算法的 BER 性能表现 ·················· 83

图 6.11　增强算法与初步估计算法的性能对比 ·················· 84

图 6.12　增强算法与初步估计算法的性能对比 ·················· 85

图 7.1　多用户混合模 - 数大规模 MIMO-OFDM 系统传输模型 ·················· 89

图 7.2　TDD 模式下基于深度学习的端到端模型总体框架 ·················· 91

图 7.3　导频传输网络 ·················· 93

图 7.4　TDD 混合预编码网络 ·················· 94

图 7.5　ResBlock 单元 ·················· 95

图 7.6　FDD 模式下的基于深度学习的端到端模型总体框架 ·················· 97

图 7.7　导频反馈网络建模 ·················· 99

图 7.8　FDD 混合预编码网络 ·················· 101

图 7.9　FDD 系统下，考虑有限分辨率移相器的基于深度学习的端到端模型总体框架 ·················· 102

图 7.10　提出的端到端 RSMA 波束赋形方案 ·················· 106

图 7.11　TDD 端到端深度学习方案与传统算法在不同信噪比下和速率性能对比 ·················· 112

图 7.12　FDD 模式下端到端深度学习方案与传统算法在不同反馈比特数下和速率性能对比（$K=2$，$L_p=2$，SNR=10 dB）·················· 113

图 7.13　端到端深度学习方案与传统算法在不同信噪比下和速率性能对比 ·················· 114

图 7.14　端到端深度学习方案训练阶段收敛速度 ············· 114
图 7.15　不同方案的 ARWU R^w 与反馈开销 B 的关系比 ········· 115
图 7.16　不同方案的 ARWU R^w 与 SNR 的关系 ············· 116
图 7.17　端到端深度学习方案与传统算法在具有不同路径数 L_p 的信道下的和速率性能对比 ························ 116
图 7.18　端到端深度学习方案与传统算法在具有不同用户数 K 的信道下的和速率性能对比 ························ 117
图 7.19　FDD 模式下端到端深度学习方案与传统算法和速率性能对比 ······························· 118
图 7.20　FDD 基于离散相位移相器和连续相位移相器的端到端深度学习方案对比 ····························· 119
图 8.1　基于无人机空中基站的通信系统示意图 ·············· 120
图 8.2　无人机辅助物联网数据收集系统 ·················· 122
图 8.3　基于 TD3 的 UAV 辅助 IoT 数据采集系统轨迹设计 ······· 126
图 8.4　UAV 辅助 IoT 数据采集系统提出的 TD3-TDCTM 网络框架（其中，算法 8.1 的步骤标记在图中） ········· 130
图 8.5　2D 仿真场景示意图 ························ 132
图 8.6　不同高度对平均任务完成时间的影响 ················ 133
图 8.7　根据 TD3-TDCTM 算法生成的 UAV 2D 和 3D 飞行轨迹（其中考虑了 40 个 IoT 节点） ··················· 133
图 8.8　不同轨迹设计方案对平均任务完成时间以及平均能量损耗的影响 ····························· 134
图 8.9　不同改进机制的有效性（包括信息增强、奖励整形、维度扩展和完成或终止，其中考虑了 40 个物联网节点） ························· 135
图 8.10　不同物联网节点数量下的累计奖励变化 ············· 137
图 8.11　不同物联网节点数量下的平均服务水平覆盖率 ········· 137
图 8.12　多天线 UAV 通信覆盖示意图 ·················· 138
图 8.13　根据 DDPG 算法生成的 2D、3D 多天线 UAV 通信覆盖仿真图 ····························· 145
图 8.14　GT 数量对平均任务完成时间（a）和收敛性能（b）的影响 ···························· 146
表 3.1　NMSE 性能对比 ·························· 38
表 6.1　不同去噪算法的有效窗大小 ···················· 79

符号和缩略语说明

2D	二维（Two Dimension）
3D	三维（Three Dimension）
4G	第四代（Fourth Generation）
5G	第五代（Fifth Generation）
6G	第六代（Sixth Generation）
ADC	模数转换器（Analog-to-Digital Converter）
B5G	超五代（Beyond Fifth Generation）
BER	误码率（Bit Error Rate）
BM3D	块匹配三维滤波（Block-Matching and 3D Filtering）
BS	基站（Base Station）
CNN	卷积神经网络（Convolutional Neural Network）
CSF	级联收缩场（Cascade of Shrinkage Fields）
CSI	信道状态信息（Channel State Information）
CV	计算机视觉（Computer Vision）
DAC	数模转换器（Digital-to-Analog Converter）
DFT	离散傅里叶变换（Discrete Fourier Transformation）
DL	深度学习（Deep Learning）
DNN	深度神经网络（Deep Neural Network）
DRL	深度强化学习（Deep Reinforcement Learning）
DDPG	深度确定性策略梯度（Deep Deteminstic Policy Gradient）
EPLL	似然概率对数期望（Expected Patch Log Likelihood）
FDD	频分双工（Frequency Division Duplexing）
GPU	图形处理器（Graphics Processing Unit）
GT	地面终端（Ground Terminal）
LoS	视线（Line-of-Sight）
LS	最小二乘法（Least Squares）
LSTM	长短期记忆（Long Short-Term Memory）
MDP	马尔可夫决策过程（Markov Decision Process）
MIMO	多输入多输出（Multiple Input Multiple Output）
MISO	多输入单输出（Multiple Input Single Output）

MLP	多层感知机（Multiple Layer Perceptron）	
MMSE	最小均方误差（Minimum Mean Square Error）	
NLoS	非视线（Non-Line-of-Sight）	
NLP	自然语言处理（Natural Language Processing）	
NMSE	归一化均方误差（Normalized Mean Square Error）	
OFDM	正交频分复用（Orthogonal Frequency Division Multiplexing）	
OFDMA	正交频分多址（Orthogonal Frequency Division Multiple Access）	
OMP	正交匹配追踪（Orthogonal Matching Pursuit）	
PAPR	峰值-平均功率比（Peak-to-Average-Power Ratio）	
PCA	主成分分析（Principal Component Analysis）	
RF	射频（Radio Frequency）	
RIS	可重构智能表面（Reconfigurable Intelligent Surface）	
RNN	循环神经网络（Recurrent Neural Network）	
GPT	生成式预训练 Transformer（Generative Pre-trained Transformer）	
SISO	单输入单输出（Single Input Single Output）	
SNR	信号噪声比（Signal-to-Noise Ratio）	
SS-HB	空间稀疏混合波束赋形（Spatially Sparse Hybrid Beamforming）	
SW-OMP	同时加权正交匹配追踪（Simultaneous Weighted Orthogonal Matching Pursuit）	
TD3	双延迟深度确定性策略梯度（Twin Delayed Deep Deterministic Policy Gradient）	
TDCTM	完成时间最小化的轨迹设计（Trajectory Design for Completion Time Minimization）	
TDD	时分双工（Time Division Duplexing）	
TS-HB	两级混合波束赋形（Two-Stage Hybrid Beamforming）	
TNRD	可训练的非线性反应扩散（Trainable Nonlinear Reaction Diffusion）	
UAV	无人机（Unmanned Aerial Vehicle）	
UE	用户设备（User Equipment）	

ULA	均匀线性阵列（Uniform Linear Array）
UPA	均匀平面阵列（Uniform Planar Array）
VGG	视觉几何组（Visual Geometry Group）
WNNM	加权核范数最小化（Weighted Nuclear Norm Minimization）
ZF	迫零（Zero-Forcing）

第 1 章
绪　　论

1.1　通信系统发展概述

在过去的十年里，移动通信技术经历了显著的变革，移动互联网和无线数据服务的广泛应用根本性地改变了人们的生活和工作方式[1]。回顾移动通信的整个发展历程，几乎每十年就会出现新一代的移动通信技术，以应对行业面临的挑战和应用需求的不断演进[2]。一般而言，从 1G 到 6G 的移动通信技术的演进总是会产生一些代表性的应用。

1G 移动通信技术引入了利用高级移动电话系统的商用蜂窝通信网络，提供了移动语音通话，尽管数据速率低且通话质量差[3]。2G 移动通信技术引进了全球移动通信系统（GSM），它通过移动通信网络的数字调制支持数字语音通信、短消息服务（SMS）和其他基本数据服务。它还使用了一种称为时分多址的数字信号处理技术，以增加单个小区能够支持的用户数量[4]。3G 通用移动通信系统显著提高了通信带宽，并引入了多数据信息服务、视频电话和移动电视等新应用[5]。它使用了宽带码分多址技术，以更有效地使用频谱。4G 移动通信技术长期演进技术显著提高了数据速率，提供了高达 100 Mb/s 的下载速度和高达 50 Mb/s 的上传速度[6]，这使高清视频、语音和在线游戏等各种互联网应用得到了广泛采用。它使用了一种称为正交频分多址的技术，以增加单个小区能够支持的用户数量。目前，5G 网络正在商用化，提供三种典型的使用场景：增强型移动宽带、超可靠低延迟通信和大规模机器类型通信。5G 网络可以支持新兴应用的推广和普及，包括增强现实/虚拟现实技术、自动驾驶汽车和大规模物联网[7]。

随着对智能设备和应用需求的加速，物联网网络的感知和计算能力产生的数据流量正在呈爆炸性增长，这可能逐渐超过 5G 网络的承载能力。因此，研究兴趣正在转向 6G 移动通信技术。与以往的网络不同，未来的 6G 将是万物智能化，IoE 的应用将得到全面实现。移动网络将不仅连接人们，还连接计算资源、传感器乃至各种设备，以满足全面连接的智能数字世界的需求[8]。

1.2　传统蜂窝通信的局限性

尽管 5G 技术为人们的生活带来了更多的便利和好处，传统蜂窝通信网络仍然存在一些局限性：

- **有限的频谱资源**：频谱是蜂窝通信网络的基本资源，但现有的频谱资源有限，难以满足通信需求的不断增长。此外，频谱资源还受到国际协调和政府监管等因素的制约。
- **有限的数据速率**：传统蜂窝通信网络的数据速率有限，不能支持大规模数据传输、高清视频等高流量应用。尽管 5G 网络提供了相对快速的数据传输速率，但仍然存在网络拥塞和网络覆盖不足的问题。
- **高延迟**：传统蜂窝通信网络的延迟高，不适合需要高实时性的应用，如在线游戏和远程医疗。
- **高能耗**：传统蜂窝通信网络的设备功耗高，不能满足移动设备长期使用的需求。同时，基站等设备的能耗也高，不利于节能减排。
- **网络覆盖不足**：尽管传统蜂窝通信网络已实现广泛的网络覆盖，但在一些偏远地区、山区等地方，网络覆盖仍然不足，无法满足用户需求。

本节就物理层架构、能效和无线覆盖等方面，讨论传统蜂窝通信网络的现有解决方案的主要局限性。

1.2.1　物理层架构

当前的无线网络在很大程度上被设计为一系列专用处理块的组合，如信道估计、CSI 反馈、均衡、波束成形和编解码块，其中每个块都基于定义无线信道和底层数据流量统计行为的数学模型分别设计。然而，这种模型驱动和基于块的设计方法在 6G 网络预期运作的复杂多样化场景中面临越来越多的挑战。设备和硬件技术的预期多样性、日益增长的共存要求以及各种流量和服务需求的多样性使这种模型驱动方法变得困难和不准确。此外，随着超大规模 MIMO 系统的部署，基于数学模型和解决方案的物理层功能优化将因计算复杂性和相关控制开销而变得难以承受。因此，传统的数学模型和解决方案无法扩展未来无线网络的容量，也无法增强其性能。具体来说，当前这些通信块解决方案的主要局限性如下：

- **信道估计**：在大规模 MIMO 系统中，BS 的 CSI 对波束成形和信号检测至关重要。然而，传统正交导频基方法的 CSI 获取开销随天线数量线性增加。为了减少导频开销，现有的 5G NR 标准将导频数量限制得远小于天线数量。但是，用少量导频准确估计高维信道是具有挑战性的。为了解决这个问题，通过利用信道在角度和/或延迟域的稀疏性，提出了基于 CS 的解决方案 [9-11]。在文献 [9] 中，将信道估计问题表述为时频域内的稀疏恢复问题，并使用 OMP 算法实现一种基于混合架构的宽带毫米波信道估计方案，该方案利用了频率选择性毫米波信道的稀疏结构。在此基础上，文献 [10] 提出了一种基于同时加权 OMP 的频域信道估计算法，该算法利用 OFDM 系统每个子载波的支撑信息，具有更好的估计性能。此外，文献 [12] 提出了一种基于最近邻学习的 AMP 算法，以自适应学习和利用角度 – 延迟域的聚类结构来提高信道估计性能。尽管如此，由于待估计 CSI 的维度极大，涉及的矩阵求逆操作和 CS 技术的迭代性质导致了过高的计算复杂性和存储需求。

- **CSI 反馈**：CSI 反馈是将无线信道的信息从移动设备传输到 BS 的过程。CSI 反馈对于高效的波束成形至关重要，波束成形是一种用于提高接收机 SNR 的技术。通常，在 FDD 系统中，CSI 反馈是必不可少的。对于 TDD 系统，通过利用信道互易性，发射机可以从上行 CSI 估计下行 CSI。但这种互易性依赖于许多理想因素，包括 BS 和 UE 的收发器 RF 链的准确校准。对于大规模 MIMO，完美的上行和下行互易性难以实现，BS 不得不依赖于 CSI 反馈进行 FDD 和 TDD 操作。然而，CSI 反馈的准确性和时效性受到多个因素的限制，包括信道相干时间、量化分辨率和传输 CSI 反馈相关的开销。此外，大量的天线导致过多的反馈开销。与信道估计类似，可以使用 CS 技术，即基于码本的技术，来减少 CSI 反馈开销。然而，这些技术不能完全利用信道结构，因为实际系统中的信道并非完全稀疏。

- **波束成形**：波束成形是 BS 操纵发送信号以提高接收机 SNR 的过程。波束成形通常使用线性处理技术实现，如 ZF 和最小均方误差 MMSE。然而，这些技术受到多个因素的限制，包括信道矩阵的秩、其他用户的干扰以及 CSI 反馈的准确性。此外，采用全数字架构的传统大规模 MIMO 系统需要为每个天线配备一个专用的 RF 链，这导致了过高的功耗和极高的 RF 硬件成本。替代的混合模拟 – 数字 MIMO 架构采用的数字 RF 链数量远少于天线数量，其中每个 RF 链连接到多个有源天线，且每个天线上的信号相位通过模拟移相器网络控制。与全数字方案相比，混合波束成形优化由于模拟波束成形上的恒模约束而显著更具挑战性 [13]。许多基于模型的解决方案已被提出以应对这一挑战。例如，文献 [13] 的作者提出了 SS-HB，通过利用信道稀疏性实现接近全数字性能。然而，基于模型的混合波束成形算法需要耗时的优化迭代来获得近乎最优解。此外，它们要求要么具有完美的下行 CSI，要么具有准确稀疏基的码本，这在实践中难以获得。

总体而言，信道估计、CSI 反馈和波束成形的现有解决方案的局限性是传统蜂窝通信系统的主要挑战。这些局限性可能导致性能不佳、资源使用效率低下和用户体验下降。研究人员正在积极探索新技术来克服这些限制，包括基于机器学习的解决方案，这些解决方案在提高这些蜂窝通信系统关键组件的准确性和效率方面显示出了有希望的结果。

1.2.2 能效

5G 蜂窝通信的主要限制是不可承受的能源消耗。与先前的蜂窝通信技术相比，5G 网络由于需要更多的 BS 来提供承诺的覆盖范围和容量，因此消耗更多的能量。这种能源消耗的增加可能会导致更高的碳排放和网络运营商的运营成本增加。此外，5G 网络中利用的大规模 MIMO 技术可以增加数据速率和改善覆盖范围。然而，大规模 MIMO 的运行需要大量的能源，这是因为大规模 MIMO 所需的大量天线可能会导致能源消耗增加。这些限制需要得到解决，以确保 6G 网络的部署不会导致能源消耗和碳排放的显著增加。

RIS 是一项新兴技术，有潜力提高传统蜂窝通信系统的能效和整体性能 [14]。RIS 是由大量小型被动元件组成的平面结构，可以重新配置以控制给定环境中电磁波的传播。这些被动元件可以通过电或磁方式控制，以可编程方式反射、散射或吸收电磁波，使 RIS 成为增强无线通信系统的有前景技术。RIS 可以部署在不同的环境中，如室内和室外场景，并可用于各种无线通信应用，如 6G、IoT 和卫星通信。此外，RIS 有潜力提高无线通信系统的能效、覆盖范围和容量。

RIS 的一个主要工作是提高蜂窝通信网络的能效 [15]。传统蜂窝通信网络依赖于主动收发器来传输和接收信号，这消耗了大量的能源。通过 RIS，信号可以被反射并直接传送到预定目的地，从而减少了主动收发器所需的能量。RIS 的另一个重要工作是减少由建筑物和树木等障碍物引起的传播损失。通过在发射机和接收机之间策略性地放置 RIS，信号可以被反射并绕过障碍物，从而减少整体的传播损失并改善信号质量。

然而，从 RIS 获得的这些显著性能增强依赖于完美的 CSI，而准确的信道估计与减少开销仍然是具有大量被动元件的 RIS 的挑战。一方面，通过 RIS 的 BS 和 UE 之间的级联 MIMO 信道可能是极高维的；另一方面，RIS 的被动特性使分别估计 RIS-UE 和 RIS-BS 信道变得相当困难。先前的工作主要集中在假设 BS 和 RIS 完美知道 CSI 的情况下设计反射矩阵 [15]，其估计仍然是一个挑战。在这一背景下，文献 [19 – 22] 中提出了几种信道估计方法。在文献 [19] 中，作者假设基于逐元素开/关的反射模式，提出了一种基于 LS 的估计方法。此外，通过利用 MIMO

信道的低秩特性并设计随机开/关反射模式，文献 [20] 中提出了一种基于稀疏矩阵分解的级联信道估计解决方案，大大减少了导频开销。考虑到级联信道的稀疏表示，文献 [21] 中的作者提出了一种基于 CS 的信道估计方法，可以同时估计级联信道，大幅减少训练开销。然而，文献 [19 – 21] 中的解决方案主要考虑了假设窄带信道的频率平坦通信系统。因此，为了在信道估计阶段充分利用 RIS 的全反射，文献 [22] 中的作者应用 LS 同时估计 BS-UE 和 BS-RIS-UE 信道，但是，在 OFDM 系统中，他们只考虑了所有 UE 和 BS 都配备单天线，因为当天线数量变大时，禁止性的导频开销或信道维数可能极高。

总而言之，RIS 技术仍处于起步阶段，还有许多研究挑战需要解决，如为 RIS 元素重新配置设计高效算法、开发 RIS 的实用硬件架构以及将 RIS 与现有无线通信系统集成。因此，为 RIS 信道估计提供高效准确的算法对于提供 RIS 辅助通信服务中的高可达率至关重要。

1.2.3 无线覆盖

目前，地面蜂窝通信网络存在一些明显的局限性。首先，覆盖范围有限，因为地面蜂窝通信网络的基站通常分布在城市或人口密集的地区，因此无法覆盖偏远或海洋区域。其次，由于有限的频谱资源和基础设施投资，地面蜂窝通信网络可能面临容量限制，导致网络拥塞和速度减慢。再次，信号干扰可能对城市或高层建筑区域的网络性能产生负面影响。最后，当地面基础设施受到自然灾害或人为破坏的影响时，蜂窝通信网络可能会受到影响，导致通信中断。

作为地面网络的补充，非地面网络，特别是基于 UAV 的网络，可以有效覆盖地面 BS 超负荷或不可用的区域 [23]。具体来说，基于 UAV 的网络具有以下显著优势：

- **扩大覆盖范围**：UAV 网络可以在远离地面基站的地区提供通信服务，如海洋、山区、沙漠和其他偏远地区。
- **提高可靠性**：当地面基础设施因自然灾害或人为干扰受损时，UAV 网络可以提供备份通信服务，从而提高网络的可靠性和稳定性。
- **增强信号质量**：UAV 网络可以在城市或高层区域提供更好的信号质量，从而提高用户体验。
- **支持新应用**：UAV 网络可以支持新的应用，如基于位置的服务、物联网和紧急救援服务。

UAV 辅助通信范式预计将在下一代无线通信系统中发挥关键作用，这些系统承诺提供更广泛、更深入的全面连接。特别是，使用 UAV 网络作为空中移动 BS 为分布式地面终端传输数据，预计将是实现绿色通信的有前景技术 [24]。与基于地面 BS 的通信系统相比，基于 UAV 的空中 BS 系统具有显著特点，如高概率建立强 LoS 信道以改善覆盖范围，灵活部署和快速响应意外或限时任务，以及动态 3D 布置和移动以提高频谱和能效等[25]。

由于高移动性，UAV 可以向潜在的地面终端移动并建立低功耗的可靠连接。因此，UAV 的轨迹设计对于 UAV 辅助通信系统至关重要。到目前为止，已有几项相关工作研究了具有各种优化目标的轨迹设计，如吞吐量、能效和飞行时间[26-28]。在文献 [26] 中，作者考虑了联合优化地面终端的传输调度、功率分配以及多天线 UAV 的 2D 轨迹，以最大化上行通信中的最小总速率。此外，为了最小化多用户多输入单输出 MISO 通信系统中的总功耗，文献 [27] 中的作者联合优化了 UAV 的 2D 轨迹和传输波束成形向量。同样，在文献 [28] 中，作者设计了 UAV 的飞行轨迹，以最小化 UAV 巡航时间用于数据传输，以达到吞吐量、能效和延迟要求。

然而，基于传统优化解决方案的上述 UAV 轨迹设计存在一些关键限制。首先，制定优化问题需要准确和可处理的无线传播模型，这通常难以获得。其次，基于优化的设计还需要完美的 CSI，这在实践中难以获得。最后，现代通信系统中的大多数优化问题都高度非凸且难以有效解决。

1.3 智能通信

无线蜂窝通信网络的 6G 预计将连接网络和物理世界，允许人类通过连接的智能无缝地与混合现实元宇宙中的各种设备互动。这些新颖且迷人的应用对通信网络提出了挑战性的要求和约束，包括超高可靠性、超低延迟、极高数据速率、极高能效和频谱效率、超密集连接以及高水平的智能性。6G 的这些严格需求促使研究人员寻找能够超越渐进式改进周期的复杂物理层技术。

最近，DL 作为通过从数据中学习底层统计结构而不是构建和使用精确数学模型的强大替代方法，已经在设计和优化无线网络方面显现出强大的潜力[29]。DL 基础解决方案在各种挑战性无线通信问题中的潜在影响已经得到展示，在这些问题中，要么难以获得系统模型，要么模型的复杂性不易于用可行的计算复杂度得到易处理的解决方案[29,30]。

在物理层架构方面，一些传统模块可以逐渐被基于 DL 的算法所替代。具体来说，对于信道估计模块，研究人员已经采用 DL 技术来克服传统的信道估计挑战。在文献 [31] 中提出了一个可学习 AMP 网络，以减轻原始 AMP 算法的性能退化，因为先验模型可能并不总是与实际系统一致。此外，通过利用信道的结构化稀疏性，一个改进的多测量向量可学习 AMP 网络[32] 可以联合恢复多个子载波的信道条件，提高准确性。作者在文献 [33] 中提出了一个端到端的 DNN 架构，以联合设计导频信号和信道估计器。在文献 [34] 中，采用了 CNN 模块结合非局部注意力层来利用信道矩阵中的长距离相关性。对于 CSI 反馈块，基于 DL 的解决方案已经取得了令人印象深刻的结果。在文献 [35] 中提出了一个自动编码器架构，称为 CsiNet，用于减少大规模 MIMO 系统中的反馈开销，显示出在压缩比和恢复准确性方面均优于传统的 CS 方法。此外，考虑到 CSI 量化失真的影响，设计了一种比特级 CsiNet[36]。这种设计可以在现有 CSI 网络中通过一些轻微修改轻松组装。后续研究扩展并设计了基于 CNN 和长短期记忆架构的各种网络模型，以处理不同的 CSI 反馈问题[30,37]。对于波束成形块，已经提出了 DL 启发的波束成形，其中，先前信息从无线信道测量中获取。在文献 [38] 中，作者提出了一种基于 CNN 的 HBF 架构，可以训练以最大化不完美 CSI 下的频谱效率。作者在文献 [39] 中提出了一种基于 MLP 的下行多用户 HBF 模块，以最大化有限 CSI 反馈位的频谱效率。

在文献 [40,41] 中分别提出了基于压缩感知和深度学习的两种信道估计方案，其中利用了角域信道稀疏性以减少导频开销。提出的混合被动/主动 IRS 对信道估计有效，然而，CS 公式中采用的 2D DFT 矩阵可能因不可忽略的功率泄漏效应而导致性能损失，且不同子载波之间的结构化信道稀疏性未被充分利用。在文献 [42] 中，作者设计了一种双 CNN 来估计直接（BS-UE）和级联（BS-RIS-UE）信道。在文献 [43] 中，作者提出了一种带有少数 RF 链的混合被动/主动 RIS 架构，其中，OMP 算法和去噪 CNN 被应用于重构完整的信道矩阵。然而，在 RIS 上部署 RF 链违背了通过部署 RIS 来降低硬件成本和功耗的原始目的。

此外，如监督学习和无监督学习等机器学习算法需要预先准备足够的数据样本，这对于决策问题来说是不现实的。相比之下，DRL 凭借其从现实世界中动态学习的基本特征，已成为解决此类决策问题的有效解决方案。特别是，由于在马尔科夫决策过程中没有关于环境模型的先验信息，代理（即学习实体）将与外部环境互动，实时收集一些样本，然后基于这些样本空间设计最优策略[44]。有几项研究工作利用 DRL 来优化 UAV 辅助 IoT 数据收集系统中 UAV 的轨迹。例如，在文献 [45] 中，作者设计了一个基于 DRL 的 3D 连续移动控制算法，以解决轨迹优化问题，目标是最大化系统能效。此外，在文献 [46,47] 中，作者提出了一种基于 DRL 的 UAV 控制方法，用于移动群体感知系统中最大化能效。此外，在文献 [48] 中，为了最小化任务完成时间和预期通信中断持续时间的加权和，作者专注于基于 DRL 优化 UAV 的轨迹。而且，在文献 [49] 中，在 UAV 辅助的无线供电 IoT 网络中，其中 UAV 的轨迹和传感器的传输调度被采用基于 DRL 的方法联合优化。

第 2 章
人工智能技术简介

2.1 背景

智能通信技术主要由与人工智能相关的算法实现,其发展阶段与深度学习方法的进步密不可分。深度学习是一种基于多层可重构加权网络(例如神经网络)的机器学习解决方案。在目标误差函数的约束下,它实现了对数据中特征的联合概率密度或条件概率密度的建模或拟合。这种优化方法是在反向传播算法的提出后才变得可能的,该算法在后续的神经网络不同分支中起到了重要作用。

2.1.1 传统卷积模型

众所周知,在大多数情况下,面临着两种类型数据的处理问题,即空间结构化数据(如图像)和时间结构化数据(如语言数据和视频)。为了使上述神经网络方法能够有效地处理这些数据,先后提出了 CNN 结构和 RNN。然而,由于机器计算能力的限制,直到 21 世纪初,这些研究方向才引起广泛关注。

在 ImageNet 和 ILSVRC 等竞赛的推动下,不同的 CNN 结构相继提出。在 ImageNet 竞赛中,多年来冠军团队的模型如下,这些早期的 CNN 结构探索在提高准确性和降低成本方面进行了深入研究。

2.1.1.1 AlexNet

AlexNet 是 ILSVRC 竞赛开始以来首个采用 CNN 架构的模型,由 Alex Krizhevsky 设计[50],成功地引发了计算机视觉领域深度学习模型研究的革命性浪潮。

如图 2.1 所示,AlexNet 总共由 8 层组成。前 5 层为卷积层,其中一些后面跟着最大池化层。剩下的 3 层是全连接层。除了最后一层外,网络被分成两个副本,每个副本在单独的 GPU 上处理。

与以前的实现相比,这个网络首次尝试了更深、更宽的模型设计,并采用了不同尺寸的卷积核来适应不同尺度的特征。尽管如此,模型参数量的 96% 仍集中在完全连接的维度转换层,这给模型的训练带来了很大困难。

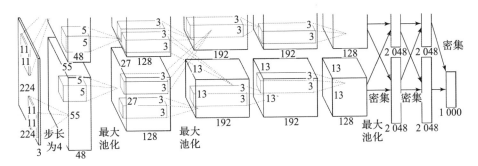

图 2.1　AlexNet 的架构[50]

（图中顶部的层部分由一个 GPU 处理，而底部的层部分由另一个 GPU 管理。
GPU 之间的通信仅在特定的层发生，确保在处理任务期间的高效协调）

2.1.1.2　VGG 模型

在随后的竞赛中，通过开源和发表论文，VGG 模型[51]和 Google Inception 模型[52]受到了更多关注。VGG 模型以其实现简单性和在各种计算机视觉任务中的出色性能而闻名，特别是在图像识别和分类方面。具体而言，VGG 是一个由 16（或更深版本的 19）个卷积层组成的非常深的 CNN 模型。开发 VGG 模型的动机是探索深度（层数）对 CNN 性能的影响，因为一些先前的研究人员认为，增加神经网络的深度可能会导致收益递减甚至性能下降，原因包括梯度消失等问题。VGG 模型证明了当与较小的卷积滤波器结合使用时，更深的网络可以显著提高性能。

如图 2.2 所示，VGG 模型设计了不同的配置，而最深的版本（即 VGG-19）被用于比赛。VGG 的简单架构只考虑了 3×3 的图像卷积核大小，然而，随着层数的增加，等效的感受野仍然足够大，可以捕捉到图像中的全局信息。

虽然 VGG 展示了更深网络和更小滤波器的优势，但它已经被更高效、更强大的架构如 ResNet、DenseNet 和 EfficientNet 所取代。尽管如此，VGG 仍然是深度学习模型发展中的一个重要里程碑，其见解影响了计算机视觉领域后续的进展。

2.1.1.3　Inception 模型

另外，Inception 模型对模型的效率进行了深入研究。它引入了创新技术，如等效于二维卷积的两个一维卷积、全局平均池化、1×1 卷积等，从而提高了性能，同时减少了所需的参数量和推理延迟。

最值得注意的 Inception 模型是 Inception-v1[52]，它在 ILSVRC 2014 中被引入。其关键思想是使用"Inception 模块"（图 2.3），该模块对不同尺寸的滤波器进行多次卷积，然后将得到的特征图串联起来，使模型能够从各种感受野中学习到多样化的特征。这种设计的动机是观察到不同尺寸的卷积滤波器能够有效地捕捉到不同类型的视觉模式，从细粒度细节到大尺度结构。

卷积网络配置					
A	A-LRN	B	C	D	E
11权重层	11权重层	13权重层	16权重层	16权重层	19权重层
输入 (224×224 RGB图像)					
conv3-64	conv3-64 **LRN**	conv3-64 **conv3-64**	conv3-64 conv3-64	conv3-64 conv3-64	conv3-64 conv3-64
最大池化					
conv3-128	conv3-128	conv3-128 **conv3-128**	conv3-128 conv3-128	conv3-128 conv3-128	conv3-128 conv3-128
最大池化					
conv3-256 conv3-256	conv3-256 conv3-256	conv3-256 conv3-256	conv3-256 conv3-256 **conv1-256**	conv3-256 conv3-256 conv3-256	conv3-256 conv3-256 conv3-256 **conv3-256**
最大池化					
conv3-512 conv3-512	conv3-512 conv3-512	conv3-512 conv3-512	conv3-512 conv3-512 **conv1-512**	conv3-512 conv3-512 conv3-512	conv3-512 conv3-512 conv3-512 **conv3-512**
最大池化					
conv3-512 conv3-512	conv3-512 conv3-512	conv3-512 conv3-512	conv3-512 conv3-512 **conv1-512**	conv3-512 conv3-512 conv3-512	conv3-512 conv3-512 conv3-512 **conv3-512**
最大池化					
FC-4096					
FC-4096					
FC-1000					
软最大值					

图 2.2　VGG 模型[51]的不同配置示意图

（从（A）到（E），配置的深度从左侧（A）到右侧（E）增加，因为添加了更多层。卷积层的表示形式为"conv 卷积核大小− 通道数"，全连接层的表示形式为"FC− 输出维度"）

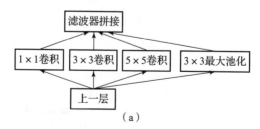

图 2.3　Inception 模块的架构[52]

(a) Inception 模块, 原始版本

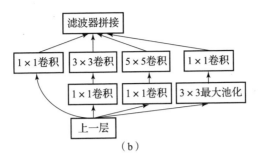

(b)

图 2.3 Inception 模块的架构（续）[52]

(b) 降维 Inception 模块

Inception 模型对计算机视觉中深度学习的进步有着显著的贡献，并激发了其他架构的发展，如图 2.4 所示。Xception 模块不同于传统的卷积，它采用深度可分离卷积。这涉及将卷积操作分成两个独立的步骤：深度卷积和点卷积。深度卷积将单独的滤波器应用于每个输入通道，而点卷积使用 1×1 的滤波器在通道之间组合深度卷积的输出。这种因式分解显著降低了模型的计算成本和参数数量。

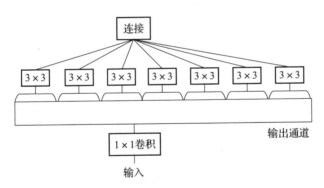

图 2.4 Xception 模块的架构 [53]

2.1.1.4 残差学习和注意力机制

ResNet[54] 是一种开创性的深度卷积神经网络架构，解决了梯度消失的问题，使更深层次的网络可以进行有效训练。在 ResNet 之前，人们认为增加神经网络的深度会使性能提升，然而，在实践中，非常深的网络面临梯度消失的挑战，这使它们难以有效训练。

ResNet 的基本创新是引入了跳跃连接，也称为残差连接，如图 2.5 所示。ResNet 模型不是学习从输入到输出的直接映射，而是学习残差映射。其思想是学习期望输出与输入之间的差异（残差），然后将这种差异添加回输入中。这使网络只需关注学习新信息，更容易优化。通过残差学习的支持，ResNet 能够堆叠大量的 CNN 残差块，以实现"非常深"的模型，例如 ResNet-50、ResNet-101 和 ResNet-152，它们分别具有 50 层、101 层和 152 层。

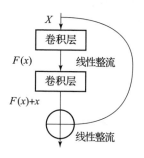

图 2.5　残差学习模型的构建块 [54]

ResNet 证明了更深层次的网络可以更准确、更有效地训练，为开发日益强大的模型开辟了新的可能性。另外，许多研究人员致力于研究如何充分利用图像本身的自信息，这促使注意力机制的提出。

注意力机制是一种强大的技术，最初在自然语言处理领域引入，后来被应用于计算机视觉，包括 CNN（卷积神经网络）模型。注意力机制允许模型在处理输入时集中注意力于特定部分，从而实现更有效的学习和改善性能。以下是几种具有影响力的注意力模型：

- 空间变换网络（Spatial Transformer Network, STN）[55]。如图 2.6 所示，STN 利用空间注意力使网络能够在进一步处理之前主动变换输入图像或特征图。STN 学习应用几何变换，如旋转、平移和缩放，对输入进行处理，使网络能够对齐并关注最相关的区域。

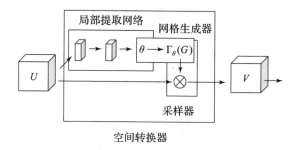

图 2.6　空间变换 [55]

- 卷积块注意力模块（Convolutional Block Attention Module, CBAM）[56]。如图 2.7 所示，CBAM 是一种轻量级的注意力模块，旨在增强 CNN 的表示能力。CBAM 应用通道注意力，关注重要通道，并且应用空间注意力来突出相关的空间区域。

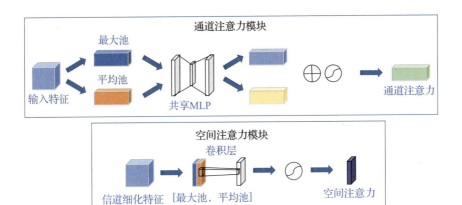

图 2.7 卷积块注意力模块 [56]

- 挤压-激励网络（Squeeze-and-Excitation Networks, SENet）[57]。如图 2.8 所示，SENet 引入了通道注意力的概念。它使用门控机制，通过集中注意力于信息丰富的通道来自适应地重新校准特征映射，同时抑制不太重要的通道。SENet 已被广泛应用并在各种视觉任务中证明了有效性。

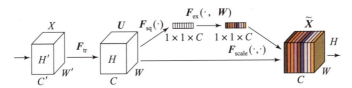

图 2.8 挤压-激励块 [57]

- 双重注意力网络（Dual Attention Network, DAN）[58]。如图 2.9 所示，DAN 引入了一种同时模拟通道注意力和空间注意力的双重注意力机制。它通过考虑全局上下文和局部细节来增强特征表示，在语义分割任务中提高了性能。

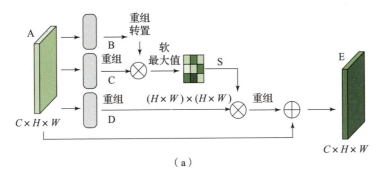

（a）

图 2.9 双重注意力网络 [58]

(a) 位置注意力模块

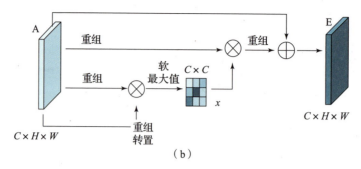

（b）

图 2.9　双重注意力网络（续）[58]

(b) 通道注意力模块

这些注意力模型显著提高了 CNN 集中注意力于相关信息的能力，从而为各种视觉任务提供了更准确和具有上下文意识的表示。虽然 Transformer[59] 目前已成为 NLP 和 CV 领域的主要注意力机制，但这些早期注意力模型的思想和见解继续影响着视觉领域最先进模型的设计。

2.1.2　传统循环模型

与 CNN 模型的多样性相比，RNN 模型的发展"相对平淡"。最初的 Vanilla RNN 模型 [60] 和 LSTM 结构都是在 20 世纪首次提出的，更为知名的 GRU 模型直到 2014 年才被提出，并没有展示出划时代的性能改进。

2.1.2.1　Vanilla RNN 模型

Vanilla RNN 是 RNN 模型的基础架构，如图 2.10 所示。它被引入作为处理序列数据的解决方案，其中元素的顺序很重要，例如时间序列、自然语言和音频信号。尽管它很简单，但 Vanilla RNN 在塑造更先进的循环架构的发展中发挥了至关重要的作用。

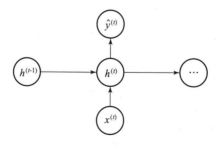

图 2.10　Vanilla RNN 模型的基本模块 [60]

RNN 模型可以用于构建不同结构的模型，如图 2.11 所示。对于时间序列或自然语言数据，RNN 模块适合处理离散的输入和输出。

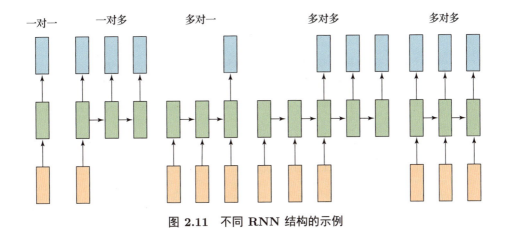

图 2.11 不同 RNN 结构的示例

2.1.2.2 Advanced RNN 模型

为了解决序列分析和自然语言处理中最关键的问题，如梯度消失和长期上下文依赖性，LSTM 模型[61]被提出。LSTM 的关键动机是引入一个带有自环连接的记忆单元，使其能够在长序列上保持信息。如图 2.12 所示，基本的 LSTM 模块由多个"门"组成，用于控制单元内部的记忆。细胞状态 c 和隐藏状态 h 记录了输入序列的"记忆"，它们从前一个单元传递到后一个单元。

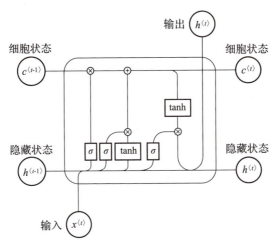

图 2.12 一个基本 LSTM 单元[61]

门控循环单元（Gated Recurrent Unit, GRU）[62]是 LSTM 架构的一个较新变体。它通过将遗忘门和输入门合并为单个"更新门"以及合并细胞状态和隐藏状态来简化 LSTM 架构。GRU 的参数比 LSTM 少，使其在计算上更经济。此外，由于其简单的架构，GRU 在训练时更容易，并且在小型数据集上不易过拟合。简单性也使其在相对较短的序列场景中表现更好，这在实践中更为常见。

正如可以轻易注意到的那样，上述模型只能捕捉正向方向上的依赖关系，这导致了一种称为双向 LSTM 的通用且强大的架构的产生。它能够从序列中的两个方向捕获上下文，使其非常适合需要全面上下文理解的任务，并且已经成为自然语言处理中众多最先进模型的关键组件。

2.1.3 基于注意力模块的最新进展

在深度学习领域各种模型蓬勃发展的同时，一些人表示担忧，因为多年来研究人员的涌入似乎并没有引入任何特别具有划时代意义的模型结构。2016 年，AlphaGo 采用了强化学习技术，通过自我对弈独立创造了对围棋的新理解，连续击败了世界排名第一的职业选手。自那以后，对强化学习的关注一直在上升，并且在工程决策问题的实验中经常被使用。

2017 年，谷歌提出了一种基于完全连接网络和并行注意力的 Transformer 编码器 – 解码器结构 [59]，如图 2.13 所示，刷新了所有人对深度学习的理解。随后，基于 Transformer 编码器的 BERT 模型和基于解码器的 GPT 模型在研究中展现出了高应用潜力，自然语言处理的研究因此进入了一个新时代。在此之前，MLP 模型中最受批评的问题是参数数量极高，很容易导致过拟合。然而，Transformer 模型中引入的并行注意力使研究人员发现，在正确的设计下，MLP 模型仍然可以在许多任务中达到最佳性能。随后，神经网络设计研究人员对并行注意力模块进行了研究，相继提出了 ViT 模型、Swin Transformer 模型、MLP-Mixer 模型、Generalized MLP 模型，甚至是卷积 Mixer 混合架构。

2022 年 12 月，OpenAI 基于第三代 GPT 模型（更确切地说，是 GPT-3.5 版本）推出的 ChatGPT 产品，在社会各界引发了讨论。ChatGPT 是一个具有 1 750 亿参数的大规模语言模型。该模型主要由 Transformer 解码器组成，并通过预训练和强化学习的组合实现对话任务。引起学术界极大关注的一个特点是不可解释模型内部是否生成了一些特殊的权重连接结构来使模型能够正常工作。随后，必应搜索引擎宣布集成 GPT 模型以实现 AI 搜索，在许多搜索任务中可以极大提高信息检索效率。除了微软，百度的 ERNIE、谷歌的 BARD 和 Anthropic 的 Claude 等产品也相继发布，各国研究机构继续跟进相关研究。除了大型语言模型，大型模型的演示也出现在计算机视觉领域，其中最具代表性的是 Meta 的 Segment Anything 模型 [63]。ChatGPT 等大型模型的成功商业化似乎暗示着人工智能的未来是大型模型的时代。

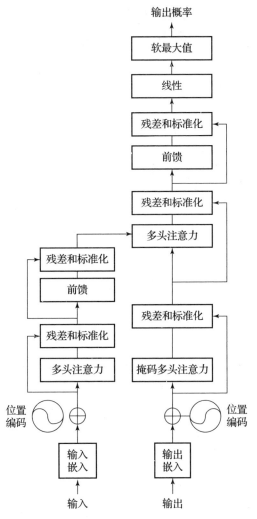

图 2.13 Transformer 模型架构[59]

2.2 将智能信号处理整合到通信系统中

随着大规模 MIMO 技术的引入，通信技术研究逐渐从 21 世纪初的编码和调制转向了高维信道估计和波束成形设计。与此同时，大规模天线技术也催生了智能反射表面、全息阵列等基于大规模天线甚至连续孔径的通信设计方案。近年来，相关信号处理算法论文不断涌现。在此期间，深度学习技术的爆炸性发展也为通信物理层的算法设计赋予了新的能力。自 2017 年以来，值得注意的研究工作已经涵盖了几乎所有领域，包括网络拥塞控制[64]、边缘计算[65]、信道估计和信号检测[66]、信道反馈[35]及波束成形[67,68]。经过几年的深入研究，这些问题已经有了基于深度学习方法的高效处理范式，并且已经进入了 3GPP R18 的官方标准化议程。

2.2.1 回归问题

总体而言，深度学习方法解决了通信中的两种问题，即回归问题和生成问题。回归问题代表了目标拟合问题，例如信号检测和参数估计。例如，在信道估计的场景中，使用真实的信道样本来衡量信道估计性能的 NMSE；在信号检测问题中，使用真实的符号来评估检测结果。因此，相应的网络需要将输入信号拟合到真实目标值，从而提高通信性能。

近年来，基于自回归模型的研究很多，典型结果包括信道估计、信号检测[66]和 CSI 反馈[35]。其中最具影响力的结果之一是 CSINet，如图 2.14 所示，通过使用自编码器学习量化信道嵌入向量，显著减少了反馈开销。

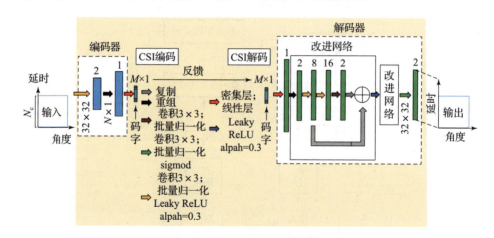

图 2.14 CSINet 的基本架构[35]

CSINet 的编码器部分是一个轻量级的浅卷积层，后跟一个 MLP 层，而解码器部分是一个深度残差卷积网络。它充分利用了延时 – 角度域中 CSI 矩阵的稀疏性，并实现了低至 1/64 的压缩比。

2.2.2 生成问题

然而，回归模型不能解决通信系统中的所有问题。例如，随着天线数量的不断增加，波束成形问题变得更加复杂。此时，需要先进的波束成形方法来提高频谱效率，并且在混合阵列结构下，最优波束成形方案没有解析解。研究人员选择了一种受频谱效率目标函数约束的方法，允许网络生成符合约束条件的波束成形矩阵。除了波束成形问题，信道测量[69]、训练数据增强，甚至是语义通信[70]都依赖生成模型，并且相关领域等待进一步研究。

在发展基于深度学习的无线通信时，面临的主要挑战之一是信道建模的复杂性不断增加以及收集丰富高质量无线信道数据的高成本。为了解决这个问题，针对3GPP 链路级 MIMO 信道模型提出了 ChannelGAN 模型[69]，其框架如图 2.15 所示。与大多数 GAN 模型类似，ChannelGAN 的基本结构通常包括两个关键组件：生成器和判别器。ChannelGAN 的生成器将随机噪声作为初始种子，并将其映射到合成信道输出，而判别器则将生成的信道和真实信道样本作为输入，并对它们进行区分。ChannelGAN 的训练过程涉及生成器和判别器之间的竞争，其目标是随着时间的推移不断改进，并熟练地区分真实数据和伪造数据。

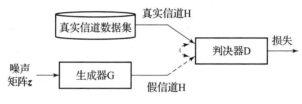

图 2.15 ChannelGAN 的框架[69]

除了信道测量和建模之外，从提取的语义嵌入中生成消息是另一个新兴的研究课题[70]。对于文本数据传输，可以采用最先进的 NLP 模型，即 Transformer，进行语义提取和消息生成，如图 2.16 所示。

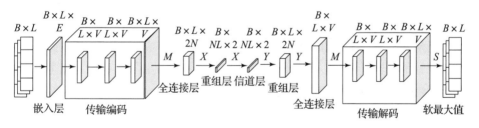

图 2.16 语义通信系统的架构[70]

2.3 小结

在本章中，全面概述了传统的 CNN 模型和 RNN 模型，以及基于注意力机制的现代模型，并深入探讨了它们在通信系统中的应用，深入审视了它们的优势和局限性，同时也解决了将智能信号处理模型整合到通信系统中时面临的两个基本问题类别。通过探讨这些方面，旨在全面了解这些深度学习模型如何能够有效地应用于实际通信任务中。

第 3 章
基于人工智能技术的毫米波大规模 MIMO 信道估计

3.1 引言

全球移动互联网、物联网、虚拟现实等技术的迅猛发展带来移动流量业务爆炸式的增长。在这一背景下,第 5 代(Fifth Generation,5G)移动通信网络相比于现有的 4G 网络,在系统容量、峰值传输速率、端到端延迟等关键性能方面的显著提高已成为业内共识[71,72]。因此,为了实现 5G 移动通信网络系统的挑战性愿景,毫米波(MillimeterWave,mmWave)大规模多输入多输出(Multiple Input Multiple Output,MIMO)技术被广泛认为是 5G 移动通信系统中具有极大发展前景的物理层关键技术[73]。

毫米波大规模 MIMO 通信技术具有诸多优势,其中,毫米波系统的主要优势体现在以下三个方面:

- 毫米波频段在 30~300 GHz,频谱资源丰富,其尚未充分利用的数以吉赫兹计的传输带宽可以提供的传输速率能达到 Gb/s 量级,能够有效地缓解当前频谱资源短缺的问题。
- 毫米波相对极短的电磁波波长使天线具有非常小的形状因子,如果采用天线间隔为波长的一半(60 GHz 对应于 5 mm 波长),则可以实现大规模天线阵列有效、紧凑地封装在一个很小的物理尺寸内。同时可以发现,易于封装的大规模天线阵列可以为毫米波通信系统提供足够大的阵列增益,用于弥补毫米波频段严重的自由空间损耗所造成的低信噪比[74],因此,毫米波通信与大规模 MIMO 技术具有天然的契合性。
- 相比于亚 6 GHz 通信频段,毫米波通信的频段电磁波特性使其穿透衰减与反射衰减大幅增强。尽管可能需要大规模密集部署毫米波基站,但信道因此而具备的低秩稀疏特性将在一定程度上降低大规模 MIMO 信道估计的开销。

而相对应的,大规模 MIMO 技术也一改传统通信系统中通过少量(2~8 根)天线服务 1~4 个用户的方案,而是采用在基站部署成百上千根天线来同时服务更多用户,从而对空间域资源做更充分的利用,通过超大规模阵列的阵列增益与空间分集,实现系统频谱效率与能量效率的提升。然而,毫米波大规模 MIMO 系统在实用化过程中仍面临诸多悬而未解的问题,例如:

- 为了避免系统功耗与成本随天线数量增加而难以控制,人们提出可以采用混合天线架构的方式,例如使用远小于天线数的信号数据流传输,并通过基带处理后提交给同样远少于天线数量的射频链路。遗憾的是,这样的结构仍然需要应对成本控制问题,且移相器精度、采样速度以及超大阵列带来的符号延迟问题也亟待解决。此外,原本基于全数字 MIMO 架构的算法,在混合架构上也不再适用。

- 远小于天线数量的射频链路导致信道估计时需要更多的观测时隙来累积观测信号,而这显著地增加了系统信道估计中的时间开销。除此之外,毫米波频段中射频校正等因素导致 TDD 系统中原本的信道上下行互易性消失,这使依赖于下行用户的估计与反馈,更无法避免额外的反馈与重建开销。

在毫米波大规模 MIMO 系统中,信道状态信息(Channel State Information, CSI)的精准获取对于利用波束赋形和信道均衡等手段来提升系统的频谱效率和传输可靠性等性能具有至关重要的作用。为了克服部署实际系统所存在的问题,在本章中将重点介绍两类基于深度学习的毫米波大规模 MIMO 信道估计方法。

3.2 基于数据驱动深度学习的毫米波大规模 MIMO 信道估计

本节中,将提出一种基于深度学习自编码器的数据驱动信道估计方法。具体而言,这是一种采用端到端的深度神经网络架构来联合设计导频信号(编码器)和信道估计器(解码器)的方法。对于降维网络,设计一个全连接层,将作为网络输入的高维信道矢量压缩为低维向量,同时,低维向量看作接收端接收的观测数据,然后,将降维网络中全连接层的权重看作要获取的导频信号;对于重构网络,设计一个由一个全连接层和多个级联的卷积层构成的信道估计器,来重构作为整体网络输出的高维信道估计值。

3.2.1 系统模型

考虑一个典型的下行链路大规模混合 MIMO 系统中信道估计问题。如图 3.1 所示，本节中将考虑两种信道模型，即低频段单环信道模型以及毫米波频段簇稀疏信道模型。同时，采用正交频分复用（Orthogonal Frequency Division Multiplexing，OFDM）技术来对抗频率选择性衰落（假设有 K 个子载波）。具体来说，基站以均匀平面阵列（Uniform Planar Array，UPA）的形式部署 $N_{BS}=N_h\times N_v$ 根天线，其中，N_h 和 N_v 分别表示平面阵列中水平方向和垂直方向上的天线数。同时，基站端配备 N_{RF} 个射频（Radio Frequency，RF）链路来服务 U 个单天线用户，其中，射频链路数远小于天线数（$N_{RF} \ll N_{BS}$）。在下行链路信道估计阶段，为了估计第 k 个子载波上的子信道，第 u 个用户在第 t 个时隙（这里假设一个 OFDM 符号是一个时隙）上的接收信号可以表示为

$$y_k^t = \boldsymbol{h}_k^{\mathrm{T}}\boldsymbol{V}_{\mathrm{RF}}^t\boldsymbol{v}_{\mathrm{BB},k}^t + n_k^t \tag{3.1}$$

式中，由于下行估计广播发射相同的导频，这里隐去了用户索引。$\boldsymbol{h}_k \in \mathbb{C}^{N_{BS}\times 1}$ 是第 k 个子载波信道；$\boldsymbol{V}_{\mathrm{RF}}^t \in \mathbb{C}^{N_{BS}\times N_{RF}}$ 和 $\boldsymbol{v}_{\mathrm{BB},k}^t \in \mathbb{C}^{N_{RF}\times 1}$ 分别表示信道估计阶段的模拟预编码器和数字预编码器；n_k^t 是复高斯白噪声（Additive White Gaussian Noise，AWGN）。进一步地，将 M 个连续时隙的接收信号累积，得到接收矢量为

$$\boldsymbol{y}_k^{\mathrm{T}} = \boldsymbol{h}_k^{\mathrm{T}}\boldsymbol{V}_{\mathrm{RF}}\boldsymbol{V}_{\mathrm{BB},k} + \boldsymbol{n}_k^{\mathrm{T}} \tag{3.2}$$

式中，$\boldsymbol{y}_k^{\mathrm{T}} = [y_k^1, y_k^2, \cdots, y_k^M] \in \mathbb{C}^{1\times M}$；$\boldsymbol{V}_{\mathrm{RF}}\boldsymbol{V}_{\mathrm{BB},k} = [\boldsymbol{V}_{\mathrm{RF}}^1\boldsymbol{v}_{\mathrm{BB},k}^1, \boldsymbol{V}_{\mathrm{RF}}^2\boldsymbol{v}_{\mathrm{BB},k}^2, \cdots, \boldsymbol{V}_{\mathrm{RF}}^M\boldsymbol{v}_{\mathrm{BB},k}^M] \in \mathbb{C}^{N_{BS}\times M}$；$\boldsymbol{n}_k^{\mathrm{T}} = [n_k^1, n_k^2, \cdots, n_k^M] \in \mathbb{C}^{1\times M}$。在本节中，均考虑信道模型为如下形式

$$\boldsymbol{h}_k = \sqrt{\frac{N_{BS}}{N_c N_p}}\sum_{i=1}^{N_c}\sum_{l=1}^{N_p}\alpha_{i,l}\mathrm{e}^{-\mathrm{j}2\pi\tau_{i,l}f_s\frac{k}{K}}\boldsymbol{a}_{BS}(\theta_{i,l},\varphi_{i,l}) \tag{3.3}$$

式中，$\alpha_{i,l} \sim \mathcal{CN}(0,1)$ 和 $\tau_{i,l}$ 分别表示对应于第 l 条传输路径的增益和时延；f_s 表示系统采样率；$\theta_{i,l}$ 和 $\varphi_{i,l}$ 分别表示基站端对应第 i 个路径簇中第 l 条径的方位和俯仰离开角（Angles of Departure，AoD）。由于基站端部署天线阵列考虑均匀面阵，导向矢量可以表示为

$$\boldsymbol{a}_{\mathrm{BS}}(\theta,\varphi) = \frac{1}{\sqrt{N_{\mathrm{BS}}}} \Big[1, \cdots, \mathrm{e}^{-\mathrm{j}\frac{2\pi d}{\lambda}[m\sin(\theta)\cos(\varphi) + n\sin(\varphi)]},$$
$$\cdots, \mathrm{e}^{-\mathrm{j}\frac{2\pi d}{\lambda}[(N_h-1)\sin(\theta)\cos(\varphi) + (N_v-1)\sin(\varphi)]} \Big]^{\mathrm{T}} \tag{3.4}$$

式中，$1 \leqslant m \leqslant N_h$ 和 $1 \leqslant n \leqslant N_v$ 分别表示对应天线元件的水平索引和垂直索引；λ 是电磁波信号波长；d 表示相邻天线元件之间的距离，通常采取信号波长的一半。毫米波频段的信道模型，一般假设存在 N_c 个簇，其中，每个簇内有 N_p 条多径，在一定的角度扩散 $\Delta\theta$ 内呈均匀或拉普拉斯分布。当考虑频段不处于毫米波的信道时，可以将此模型简化为单环模型[75]，其中只含有一个簇，簇内多径角度扩散较高。

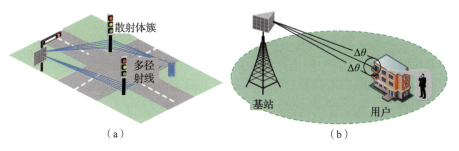

图 3.1 本节中考虑的典型信道场景
(a) 毫米波大规模 MIMO 系统中簇稀疏信道模型；
(b) 低频段大规模 MIMO 系统中单环信道模型[33]

3.2.2 基于数据驱动深度学习的毫米波大规模 MIMO 信道估计

首先假设一个简单的情况，即基带预编码器假设为频率平坦的。这个假设并不少见[76]，且有利于提高最终的算法性能，但是这种情况在 OFDM 系统中可能是不太实际的，因为不同子载波上发射相同的信号将会导致较高的峰均比（Peak to Average Power Ratio，PAPR）。幸运的是，通过文献[13]，在不同的导频子载波上引入一对伪随机发射扰码和接收去扰码来松弛上述假设，进而可以有效地被避免较高的 PAPR。此时接收信号为

$$\begin{aligned} \boldsymbol{y}_k^{\mathrm{T}} &= \boldsymbol{h}_k^{\mathrm{T}} \boldsymbol{V}_{\mathrm{RF}} \boldsymbol{V}_{\mathrm{BB}} + \boldsymbol{n}_k^{\mathrm{T}} \\ &= \boldsymbol{h}_k^{\mathrm{T}} \boldsymbol{V}_{\mathrm{FD}} + \boldsymbol{n}_k^{\mathrm{T}} \\ &= \boldsymbol{h}_k^{\mathrm{T}} \boldsymbol{X} + \boldsymbol{n}_k^{\mathrm{T}} \end{aligned} \tag{3.5}$$

式中，用 $X \in \mathbb{C}^{N_{\text{BS}} \times M}$ 来表示预编码处理后的导频信号。将上述结果对 K 个子载波并行处理，得到接收信号矩阵 $Y \in \mathbb{C}^{K \times M}$ 为

$$Y = H_s X + N \tag{3.6}$$

式中，$Y = [y_1, y_2, \cdots, y_K]^{\text{T}}$；$H_s = [h_1, h_2, \cdots, h_K]^{\text{T}} \in \mathbb{C}^{K \times N_{\text{BS}}}$ 是频率－空间域信道矩阵；$N = [n_1, n_2, \cdots, n_K]^{\text{T}}$。

此处采用模型驱动的方法实现联合导频设计与信道重建方案，其示意图如图 3.2 所示。具体而言，该模型包括两部分：一部分为降维网络，另一部分为重构网络。降维网络根据前面推导的压缩观测公式即可实现，其中导频部分采用无偏置全连接层实现，通过全连接的降维运算实现压缩观测。在添加随机噪声后，接收信号将送入信道估计模块（重构网络）处理。信道重构网络主要由卷积残差网络组成，通过维度适配后，进行多次卷积运算，并将结果与输入进行残差连接，从而实现更好的估计效果。通过利用 Adam 算法[77]，降维网络和重构网络的训练参数被同时优化，进而可以同时获取导频信号和信道估计器。提出此网络架构的动机在于以端到端的方式联合模仿高维信号的线性压缩过程和对应的非线性信号重构过程。

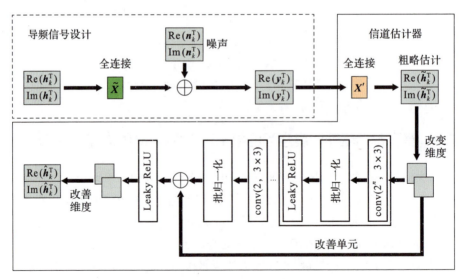

图 3.2　端到端的深度神经网络框架
（用于联合设计导频信号和信道估计器[33]）

具体而言，为了适应深度神经网络处理实数的要求，将第 k 个子载波信道 h_k 的实部和虚部以特定的形式 $[\text{Re}\{h_k\}, \text{Im}\{h_k\}]^{\text{T}}$ 作为此压缩观测网络的输入，进而可以通过与导频信号相乘的方法来获取低位观测，即

$$\begin{bmatrix} \text{Re}\{\boldsymbol{y}_k^{\text{T}}\} \\ \text{Im}\{\boldsymbol{y}_k^{\text{T}}\} \end{bmatrix} = \begin{bmatrix} \text{Re}\{\boldsymbol{h}_k^{\text{T}}\} \\ \text{Im}\{\boldsymbol{n}_k^{\text{T}}\} \end{bmatrix} \widetilde{\boldsymbol{X}} + \begin{bmatrix} \text{Re}\{\boldsymbol{n}_k^{\text{T}}\} \\ \text{Im}\{\boldsymbol{n}_k^{\text{T}}\} \end{bmatrix} \tag{3.7}$$

此处可以看到每一个测量值的实部和虚部是所有输入信道数据的实部和虚部的线性加权组合。这种高维信号压缩机理可以被建模为全连接层，此全连接层处理是不含偏置值和非线性激活函数的（虚线框内）。实线框内则是重建网络，该信道估计器被分为两个级联的部分，用于从低位测量值中重构出高维信道，其中，第一部分利用一个新的全连接层来获取一个初始的粗略信道估计（该操作旨在仿效一些贪婪压缩感知算法中的匹配过程，如 OMP 算法等），而第二部分，为了利用大规模 MIMO 信道的角度域可压缩特性，首先将数据集中拉成矢量的信道矢量还原为 UPA 对应空间的维度，然后将数据输入重构网络的卷积模块内。每个卷积模块包含一个卷积层、一个批归一化层和一个 Leaky ReLU 激活函数，其中卷积核大小为 3×3，在滑动卷积过程中采用全零填充最外层的方式来维持数据维度。同时引入残差连接来直接将粗略的信道估计值传递到最后一层，而这种方式可以有效避免由于多个连续的非线性操作导致的梯度消失问题。该部分模型采用均方误差 MSE 来定义输出预测与输入数据之间的差异，其表达式为

$$L(\boldsymbol{\theta}) = \frac{1}{P}\sum_{p=1}^{P} \left\| \widehat{\boldsymbol{h}}^p - \boldsymbol{h}^p \right\|_F^2 = \frac{1}{P}\sum_{p=1}^{P} \| f(\boldsymbol{h}^p, \boldsymbol{\theta}) - \boldsymbol{h}^p \|_F^2 \tag{3.8}$$

式中，P 是样本中每个批次训练集的数量；$\boldsymbol{h}^p$ 是每个批次中第 p 个样本，其估计结果为 $\widehat{\boldsymbol{h}}^p = f(\boldsymbol{h}^p, \boldsymbol{\theta})$，是该模型参数集合 $\boldsymbol{\theta}$ 和输入信道的函数。通过将真实信道数据输入模型并自监督，该模型即可实现端到端的训练过程，这里采用 Adam 优化器，学习率为 0.001，数据每组批次大小为 128，共循环训练 300 轮。

3.2.3 性能分析

本节中将对提出的基于数据驱动深度神经网络的信道估计方案的仿真结果做详细的分析。仿真参数配置如下：基站端部署天线数为 $N_h = N_v = 16$，总天线数为 $N_{\text{BS}} = 256$。OFDM 技术的子载波数设为 $K = 256$，同时定义信道估计的压缩比例为 $\rho = M/N_{\text{BS}}$。此外，考虑了基于同时正交匹配追踪（Simultaneous Orthogonal Matching Pursuit, SOMP）[54] 算法的信道估计方案作为对比方案，并以此来说明本项工作所提出的信道估计方案在计算复杂度、降低导频开销及信道估计性能等方面的优势。其中，SOMP 算法中涉及的对于水平和垂直维度的量化角度格点 G 设置为 64，即过采样率 $\beta = G/N_h = G/N_v = 4$ 的冗余字典被利用，来对抗空间角度域变换过程中角度不匹配导致的功率泄漏问题。整体

的仿真实验进程在仿真软件 Python 和 MATALB 上进行，其中，仿真环境设定为 Python 3.6 以及以 TensorFlow 为后端的 Keras 2.2.4，同时，利用 NVIDIA GeForce GTX 2080 Ti GPU 来加速深度神经网络的训练过程。

对于提出的深度神经网络架构，通过特定的信道场景，生成对应的训练集信道数据样本 $S_{\text{tr}} = 2\,000$ 组，因此，每一组输入的信道数据样本的维度是 $(K, 2, N_{\text{BS}})$[78]，即 $(S_{\text{tr}} \times K, 2, N_{\text{BS}})$。同样地，分别生成验证集信道数据样本 $S_{\text{val}} = 1\,000$ 组和测试集信道数据样本 $S_{\text{te}} = 500$ 组。综上所述，生成的训练集、验证集和测试集信道数据样本数量分别是 512 000、256 000 和 128 000。此外，重构网络中卷积模块的数量设定为 $N_{\text{mod}} = 8$。同时，选择归一化均方误差（Normalized Mean Square Error，NMSE）作为不同方案信道估计性能的评判准则，可以表示为

$$\text{NMSE} = 10\log_{10}\left(\mathbb{E}\left[\|\boldsymbol{H} - \widehat{\boldsymbol{H}}\|_{\text{F}}^2 / \|\boldsymbol{H}\|_{\text{F}}^2\right]\right) \quad (3.9)$$

首先在简单的单环信道模型下进行性能测试。考虑无线信道传播路径为 $N_c = 1$，$N_p = 100$，同时，角度扩展 $\Delta\theta$ 分别设定为 $\pm 7.5°$ 和 $\pm 15°$。图 3.3 比较了提出的基于深度神经网络的信道估计方案和基于 SOMP 算法的信道估计方案的 NMSE 性能与不同信噪比（Signal to Noise Ratio，SNR）的关系，同时考虑不同的信号压缩比 ρ 和角度扩展 $\Delta\theta$。通过仿真对比，可以看出，提出的基于深度神经网络的信道估计方案在压缩比 $\rho = 0.25$ 的情况下要优于基于 SOMP 算法的信道估计方案，甚至后者的压缩比为 $\rho = 0.5$。这一特性表明，所提基于深度神经网络的信道估计方案可以用更少的导频开销获得更优的信道估计性能。这是因为深度神经网络可以优化权重参数，并且可以从大量的信道数据样本中进行参数学习，进而捕捉信道的内在固有特征。通过这种方式，可以利用更少的导频开销来准确地重构高维信道。

对于簇稀疏信道场景，考虑无线信道传播路径为 $N_c = 6$，$N_p = 10$，角度扩展设定为 $\Delta\theta \pm 3.75°$。图 3.4 比较了在压缩比 $\rho = 0.25$ 和 $\rho = 0.5$ 的情况下，不同的信道估计方案与 SNR 的关系。可以发现，在两种压缩比 $\rho = 0.25$ 和 $\rho = 0.5$ 的情况下，所提出的基于深度神经网络的信道估计方案都要优于基于 SOMP 算法的信道估计方案。同时，在低 SNR 下，所提出的基于深度神经网络的信道估计方案可以用更少的导频开销实现更好的 NMSE 性能。此外，可以发现，在压缩比 $\rho = 0.25$ 的情况下，随着 SNR 的增加，提出的基于深度神经网络的信道估计方案的 NMSE 性能下降曲线变缓，可以从文献 [55] 找到合理的解释，即信道估计的 NMSE 性能不仅受 SNR 的影响，而且与训练集样本的数量以及网络超参数的设置有关。

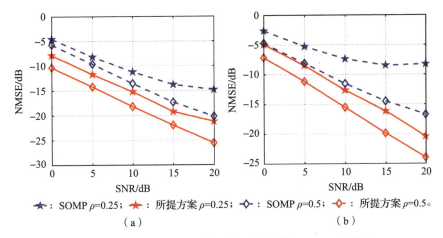

★：SOMP ρ=0.25；★：所提方案 ρ=0.25；◇：SOMP ρ=0.5；◇：所提方案 ρ=0.5。
(a) (b)

图 3.3 基于单环信道模型的低频段大规模 MIMO 系统中
不同信道估计方案的 NMSE 性能仿真对比
(a) 角度扩展 $\Delta\theta \pm 7.5°$；(b) 角度扩展 $\Delta\theta \pm 15°$ [33]

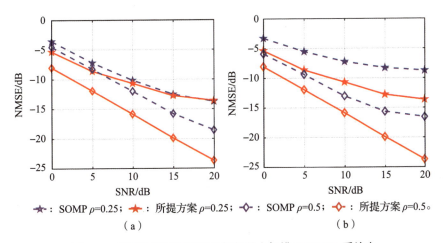

★：SOMP ρ=0.25；★：所提方案 ρ=0.25；◇：SOMP ρ=0.5；◇：所提方案 ρ=0.5。
(a) (b)

图 3.4 基于单环信道模型的低频段大规模 MIMO 系统中
不同信道估计方案的 NMSE 性能仿真对比
(角度扩展 $\Delta\theta \pm 3.75°$)
(a) 多载波单独处理；(b) 多载波联合处理 [33]

3.2.4 小结

在本节中，提出了一种基于深度神经网络的信道估计方案，用于联合设计导频信号和信道估计器。具体来说，将基于导频的信道训练过程和信道重构过程建模为一种端到端的深度神经网络，设计的网络包括一个降维网络和信道重构网络。对于整体深度神经网络，将信道数据看作降维网络的输入，同时降维网络中的全连接层的权重参数被看作导频信号。然后通过接收到的低维测量数据，利用重构网络来准确地估计高维信道值，该重构网络由一个全连接层和多个级联的卷积层组成。通过充分的仿真结果，可以看到，相较于传统方法，我们提出的基于深度神经网络的信道估计方案在本章中所考虑的两种信道模型（即低频段大规模MIMO 系统中单环信道模型和毫米波大规模 MIMO 系统中簇稀疏信道模型）下可以实现更加理想的信道估计性能以及更低的计算复杂度。

3.3 基于模型驱动深度学习的毫米波大规模 MIMO 信道估计

在本节中，首先，提出一种改进的信号帧结构，用于优化信道估计。其次，提出以自编码器（Auto Encoder，AE）的结构，联合训练射频移相器网络和信道估计器。最后，提出一种 MMV-LAMP 网络，可以利用由先验模型已知的结构化稀疏性，同时，还可以从数据样本中优化学习可训练参数。

3.3.1 信号模型

本节中，考虑 TDD 系统下的上行链路信道估计问题。设定上行链路信道估计阶段包括 Q 个 OFDM 符号（即 Q 个时隙）用于信道估计。对于某个特定用户来说[①]，为了估计第 k 个子载波信道，基站端在 q 个时隙接收到的基带信号向量 $\boldsymbol{y}'_{\mathrm{UL}}[k,q] \in \mathbb{C}^{N_{\mathrm{RF}} \times 1}$ 可以表示为

$$\boldsymbol{y}'_{\mathrm{UL}}[k,q] = \boldsymbol{F}^{\mathrm{H}}_{\mathrm{UL}}[q]\boldsymbol{h}_{\mathrm{UL}}[k]x[k,q] + \overline{\boldsymbol{n}}'_{\mathrm{UL}}[k,q] \tag{3.10}$$

式中，$1 \leqslant q \leqslant Q$；$1 \leqslant k \leqslant K$；$\boldsymbol{F}_{\mathrm{UL}}[q] \in \mathbb{C}^{N_{\mathrm{BS}} \times N_{\mathrm{RF}}}$，表示基站端的上行链路合并器矩阵；$\boldsymbol{h}_{\mathrm{UL}}[k] \in \mathbb{C}^{N_{\mathrm{BS}} \times 1}$，是上行链路第 k 个子载波信道；x 是导频信号；$\overline{\boldsymbol{n}}'_{\mathrm{UL}}[k,q] \sim \mathcal{CN}(0, \sigma_n^2 \boldsymbol{I}_{N_{\mathrm{RF}}})$，表示建模在接收机前端的等效噪声向量。

首先利用导频的正交性识别出上行每个用户的信号，此时对于单个用户而言，上行接收阵列相当于恒模的模拟阵列，即 $[\boldsymbol{F}_{\mathrm{UL}}[q]]_{mn} = \dfrac{1}{\sqrt{N_{\mathrm{BS}}}} e^{\mathrm{j}[\boldsymbol{\Xi}_{\mathrm{UL}}]_{m,n}}$。用与上一节相似的做法，容易得到不同时隙观测结果的合并矢量为

[①] 考虑上行链路多用户信道估计，如果 U 个用户采用互相正交的导频信号，那么对应于不同用户的导频信号可以被识别，进而可以分别进行后续的信号处理工作。

$$\boldsymbol{y}_{\mathrm{UL}}[k] = \boldsymbol{F}_{\mathrm{UL}}^{\mathrm{H}} \boldsymbol{h}_{\mathrm{UL}}[k] + \boldsymbol{n}_{\mathrm{UL}}[k] \tag{3.11}$$

式中，$\boldsymbol{y}_{\mathrm{UL}}[k] = [\boldsymbol{y}_{\mathrm{UL}}^{\mathrm{T}}[k,1], \boldsymbol{y}_{\mathrm{UL}}^{\mathrm{T}}[k,2], \cdots, \boldsymbol{y}_{\mathrm{UL}}^{\mathrm{T}}[k,Q]]^{\mathrm{T}}$；$\boldsymbol{F}_{\mathrm{UL}} = [\boldsymbol{F}_{\mathrm{UL}}[1], \boldsymbol{F}_{\mathrm{UL}}[2], \cdots, \boldsymbol{F}_{\mathrm{UL}}[Q]] \in \mathbb{C}^{N_{\mathrm{BS}} \times M}$，则 $\boldsymbol{y}_{\mathrm{UL}}[k] \in \mathbb{C}^{M \times 1}$ ($M = QN_{\mathrm{RF}}$)。最后对不同子载波合并即可得到矩阵的观测形式

$$\boldsymbol{Y}_{\mathrm{UL}} = \boldsymbol{F}_{\mathrm{UL}}^{\mathrm{H}} \boldsymbol{H}_{\mathrm{UL}}^{\mathrm{sf}} + \boldsymbol{N}_{\mathrm{UL}} \tag{3.12}$$

式中，容易知道 $\boldsymbol{Y}_{\mathrm{UL}} = [\boldsymbol{y}_{\mathrm{UL}}[1], \boldsymbol{y}_{\mathrm{UL}}[2], \cdots, \boldsymbol{y}_{\mathrm{UL}}[K]] \in \mathbb{C}^{M \times K}$，$\boldsymbol{H}_{\mathrm{UL}}^{\mathrm{sf}} = [\boldsymbol{h}_{\mathrm{UL}}[1], \boldsymbol{h}_{\mathrm{UL}}[2], \cdots, \boldsymbol{h}_{\mathrm{UL}}[K]] \in \mathbb{C}^{N_{\mathrm{BS}} \times K}$，是上行的空频域信道。不同于上一节的问题，由于本问题较为复杂，此处假设为简单的均匀线阵模型，此时上行信道可以表示为

$$\boldsymbol{h}_{\mathrm{UL}}(\tau) = \sqrt{\frac{N_{\mathrm{BS}}}{L}} \sum_{l=1}^{L} \beta_l p(\tau - \tau_l) \boldsymbol{a}(\varphi_l) \tag{3.13}$$

式中，$\beta_l \sim \mathcal{CN}(0, \sigma_\alpha^2)$ 和 τ_l 分别表示第 l 条路径对应的传播增益和延时；$p(\tau)$ 表示脉冲成形滤波器；φ_l 表示基站端第 l 条路径的到达角；$\boldsymbol{a}(\cdot)$ 是导向矢量，对于均匀线阵而言，可以表示为

$$\boldsymbol{a}(\theta) = \frac{1}{\sqrt{N_{\mathrm{BS}}}} \left[1, \mathrm{e}^{-\mathrm{j}\frac{2\pi d}{\lambda}\sin(\theta)}, \cdots, \mathrm{e}^{-\mathrm{j}\frac{2\pi d}{\lambda}(N_{\mathrm{BS}}-1)\sin(\theta)}\right]^{\mathrm{T}} \tag{3.14}$$

式中，λ 是载波波长；d 是相邻天线间隔，并且通常满足半波长。该信道还可以通过简单的傅里叶变换转到频域，原理与上一节相似，此处不再赘述。

3.3.2 帧结构设计

为了合理利用上述观测模型，此处首先设计了一种合适的帧结构模型。如图 3.5 所示，其中，OFDM 的保护间隔采用循环前缀（Cyclic Prefix, CP）来对抗时间色散信道，此外，时频资源可以被划分成多个资源块来传输导频信号和有效数据。具体来说，一个信号帧在时域上总共包含 T 个时隙，被分为两个阶段，其中，第一个阶段（即导频阶段）包含 Q 个时隙用于传输导频信号，第二个阶段（即数据传输阶段）包含 $(T-Q)$ 个时隙用于数据传输。

在导频阶段，定义 OFDM 的 DFT 长度为 $P_L = N_{\mathrm{cp}}$，其中，N_{cp} 是循环前缀的长度。因此，子载波间隔是 B_s/P_L，同时，每个 CP-OFDM 符号周期是 $(N_{\mathrm{cp}} + P_L)/B_s$，其中，$B_s$ 表示系统带宽。另外，在数据传输阶段，考虑 OFDM

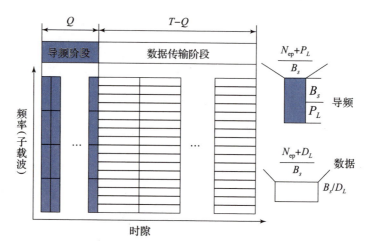

图 3.5 所提出的用于通信传输的信号帧结构[32]

符号的 DFT 长度为 D_L，并且 $D_L \geqslant P_L$，因此，此阶段中每个 CP-OFDM 符号周期是 $(N_{\mathrm{cp}} + D_L)/B_s$。

3.3.3 MMV-LAMP 网络

根据前文推导的采样模型，可以将整个问题建模成一个普通的压缩感知观测问题，即有

$$Y = AX + N \tag{3.15}$$

式中，$Y \in \mathbb{C}^{M \times K}$ 代表含有噪声的观测结果；$A \in \mathbb{C}^{M \times N}$ 代表观测矩阵；$X \in \mathbb{C}^{N \times K}$ 则是待估计的稀疏矩阵，在本问题中，X 的列向量 $\{X(:,i)\}_{i=1}^{K}$ 还满足公共支撑集；$N \in \mathbb{C}^{M \times K}$ 是复高斯白噪声。

为了解决式 (3.15) 中的 MMV 压缩感知问题，常见的解决方案有凸优化松弛、贪婪迭代和贝叶斯推断等。凸优化松弛方案一般依赖于问题形式，贪婪迭代方案有 OMP 和 SOMP 等算法，采用字典匹配的方法搜索最合适的支撑集，而贝叶斯推断方法则根据先验假设进行迭代推断，往往需要较长的迭代时间，但可以获得较为精确的估计。为了解决此处的问题，采用贝叶斯推断方法与深度学习模型结合，以期在获取较为精确的结果的同时大幅减少迭代所需次数。本节中提出 MMV-LAMP 网络，其具有两个特征：①MMV-LAMP 网络充分利用先验模型，即，X 的结构化稀疏性；②通过将传统 AMP 算法的迭代过程展开，并且人为引入可训练参数，MMV-LAMP 网络可以从数据样本中学习和优化网络结构。

具体来说，对于所提出的 MMV-LAMP 网络的第 $t(1 \leqslant t \leqslant T)$ 层，其中关键算法步骤包括

$$\boldsymbol{R}_t = \widehat{\boldsymbol{X}}_{t-1} + \boldsymbol{B}\boldsymbol{V}_{t-1} \tag{3.16}$$

$$\widehat{\boldsymbol{X}}_t = \eta\left(\boldsymbol{R}_t; \boldsymbol{\theta}, \sigma_t\right) \tag{3.17}$$

$$\boldsymbol{V}_t = \boldsymbol{Y} - \boldsymbol{A}\widehat{\boldsymbol{X}}_t + b_t \boldsymbol{V}_{t-1} \tag{3.18}$$

式中，$\boldsymbol{V}_0 = \boldsymbol{Y}$；$\widehat{\boldsymbol{X}}_0 = \boldsymbol{0}$。同时有

$$\sigma_t = \frac{1}{\sqrt{MK}} \|\boldsymbol{V}_{t-1}\|_F \tag{3.19}$$

$$b_t = \frac{1}{M} \sum_{j=1}^{N} \frac{\partial\left[\eta\left(\boldsymbol{R}_t; \boldsymbol{\theta}, \sigma_t\right)\right]_j}{\partial\left[\boldsymbol{R}_t(j,:)\right]} \tag{3.20}$$

需要指出，式 (3.18) 中残差项 $\boldsymbol{V}_{t-1}$ 中包括了 Onsager 修正项 $b_t \boldsymbol{V}_{t-1}$，在 AMP 算法中起到稳定数值、稳定/加速收敛过程等作用[31]。迭代中的收缩函数 $\eta(\cdot;\cdot)$ 可以推导为

$$\left[\eta\left(\boldsymbol{R}_t; \boldsymbol{\theta}, \sigma_t\right)\right]_j = \frac{\boldsymbol{r}_{t,j}}{\pi_t \left[1 + \exp\left(\psi_t - \frac{\boldsymbol{r}_{t,j}^{\mathrm{H}} \boldsymbol{r}_{t,j}}{2\sigma_t^2 \pi_t}\right)\right]} \tag{3.21}$$

式中，$\boldsymbol{r}_{t,j} = \boldsymbol{R}_t(j,:)$ 表示 $\boldsymbol{R}_t$ 的第 j 行；π_t 和 ψ_t 分别表示为

$$\pi_t = 1 + \frac{\sigma_t^2}{\theta_1} \tag{3.22}$$

$$\psi_t = K\lg\left(1 + \frac{\theta_1}{\sigma_t^2}\right) + \theta_2 \tag{3.23}$$

何恒涛等人在文献 [79] 中提出了一种 LDAMP 网络，该网络将传统 DAMP 算法中的去噪器模块 $D_{\hat{\sigma}^t}(\cdot)$ 替换为去噪卷积神经网络（Denoising Convolutional Neural Network，DnCNN），但是提出的 MMV-LAMP 网络与上述 LDAMP 网络不同，详细推导了收缩函数 $\eta(\cdot;\cdot)$，该函数可以看作深度学习中的非线性激活函数。此外，可以看到，一些已经存在的基于模型驱动深度学习的算法通常是处理标量元素 r[40,46-48]，但是，通过利用来自先验模型已知的 $\boldsymbol{X}$ 的公共稀疏性，在本节中提出的 MMV-LAMP 网络处理的是矢量 $\boldsymbol{r}_j$，其中，$1 \leqslant j \leqslant N$。同时，为了避免由于连续的路径角度和离散变换字典不匹配导致的性能损失问题，将设

计一个冗余字典矩阵，并整合进 CRN 中来提升信道估计性能。

图 3.6 展示了所提出的 MMV-LAMP 网络的第 t 层结构。在图 3.6 中，网络的输入是 $\widehat{\boldsymbol{X}}_{t-1} \in \mathbb{C}^{N \times K}$，$\boldsymbol{V}_{t-1} \in \mathbb{C}^{M \times K}$，以及 $\boldsymbol{Y} \in \mathbb{C}^{M \times K}$，其中，$\widehat{\boldsymbol{X}}_{t-1}$ 和 $\boldsymbol{V}_{t-1}$ 是第 $t-1$ 层的输出，同时，$\boldsymbol{Y}$ 是式 (3.15) 中的观测值。在网络训练阶段，设定所提出的 MMV-LAMP 网络的可训练参数是 $\boldsymbol{B} \in \mathbb{C}^{N \times M}$ 和 $\boldsymbol{\theta} = \{\theta_1, \theta_2\}$，并且对于所有的 T 层结构，训练参数是相同的。

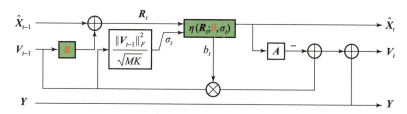

图 3.6　所提出的 MMV-LAMP 网络的第 t 层结构

(其中可训练参数为 $\{\boldsymbol{B}, \boldsymbol{\theta}\}$[32])

图 3.7 展示了所提出的基于模型驱动深度学习的上行链路信道估计方案的框图。

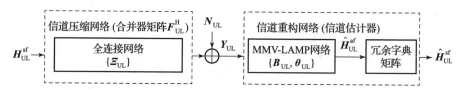

图 3.7　所提出的基于模型驱动深度学习的上行链路信道估计方案的框图

(其中包含一个信道压缩网络和一个基于 MMV-LAMP 网络的信道重构网络[32])

3.3.3.1　压缩观测网络设计

根据式 (3.12)，容易模拟该过程设计压缩观测网络。与上一节内容相似，采用无偏置的线性网络来模拟这个过程，但考虑到上行接收阵列均为相位恒定的模拟阵列，需要 $\boldsymbol{F}_{\mathrm{UL}}$ 满足恒定的模值约束。为了使该问题易于处理，采用优化相位的方式建模该矩阵

$$\boldsymbol{F}_{\mathrm{UL}} = \frac{1}{\sqrt{N_{\mathrm{BS}}}} \exp\left(\mathrm{j}\boldsymbol{\varXi}_{\mathrm{UL}}\right) = \frac{1}{\sqrt{N_{\mathrm{BS}}}} \left[\cos\left(\boldsymbol{\varXi}_{\mathrm{UL}}\right) + \mathrm{j}\sin\left(\boldsymbol{\varXi}_{\mathrm{UL}}\right)\right] \quad (3.24)$$

式中，$\mathrm{j} = \sqrt{-1}$；$[\boldsymbol{\varXi}_{\mathrm{UL}}]_{m,n} \in [0, 2\pi)$。复数的优化虽然已经被大部分框架支持，但是这种恒模约束的优化难以在常用框架中直接实现。因此，采用优化实数的方案，同时实现了恒模约束的自然成立。如图 3.8 所示，利用全连接网络实现维度压缩的基本方案在此简单展示。

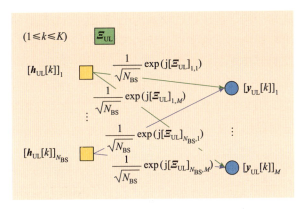

图 3.8 所提出的全连接信道压缩网络
(其中可训练参数为 $\{\Xi\}$,对应于合并器矩阵 F_{UL}[32])

3.3.3.2 基于 MMV-LAMP 的信道重构器

首先需要获取角度域信道。大规模 MIMO 信道的低秩特性导致其角度域信道十分稀疏,因此可以利用该稀疏性实现低开销重建。传统通过 DFT 矩阵变换的方式由于栅栏效应等因素可能导致角度域稀疏性不足,因此首先采用过冗余字典的方式将空间域变换到更稀疏的角度域中。该变换过程可以采用部分 DFT 矩阵,等效为补零 DFT 变换,优势是变换矩阵角度矢量是相互正交的;或者采用均匀导向矢量变换,优势是角度域的数值是均匀且容易确定的。为了令估计结果有更好的实际意义,采用过冗余导向矢量构成变换字典矩阵 $\boldsymbol{D} = [\boldsymbol{a}(\phi_1), \boldsymbol{a}(\phi_2), \cdots, \boldsymbol{a}(\phi_G)]$,则有 $\boldsymbol{H}^{\mathrm{sf}} = \boldsymbol{D}^{\mathrm{H}}\boldsymbol{H}^{\mathrm{af}}$ 关系成立。该处理将角度域划分为 $G \geqslant N_{\mathrm{BS}}$ 个格点,因而可以实现更精确的重建。这时原压缩观测问题可以写成

$$\boldsymbol{Y}_{\mathrm{UL}} = \boldsymbol{A}_{\mathrm{UL}}\boldsymbol{H}_{\mathrm{UL}}^{\mathrm{af}} + \boldsymbol{N}_{\mathrm{UL}} \tag{3.25}$$

式中,角度域信道的稀疏性在频域上是相似的,即每一列 $\{\boldsymbol{H}_{\mathrm{UL}}^{\mathrm{af}}(:,k)\}_{k=1}^{K}$ 稀疏性相同。此时优化问题可以表示为

$$\begin{aligned}
\min_{\boldsymbol{H}_{\mathrm{UL}}^{\mathrm{af}}} \quad & \left(\sum_{k=1}^{K} \left\|\boldsymbol{H}_{\mathrm{UL}}^{\mathrm{af}}(:,k)\right\|_0^2\right)^{1/2} \\
\text{s.t.} \quad & \left\|\boldsymbol{Y}_{\mathrm{UL}} - \boldsymbol{A}_{\mathrm{UL}}\boldsymbol{H}_{\mathrm{UL}}^{\mathrm{af}}\right\|_F \leqslant \delta, \\
& \mathrm{supp}\{\boldsymbol{H}_{\mathrm{UL}}^{\mathrm{af}}(:,1)\} = \mathrm{supp}\{\boldsymbol{H}_{\mathrm{UL}}^{\mathrm{af}}(:,2)\} = \cdots = \mathrm{supp}\{\boldsymbol{H}_{\mathrm{UL}}^{\mathrm{af}}(:,K)\}
\end{aligned} \tag{3.26}$$

零范数优化问题是非凸的，往往通过松弛为 ℓ_1 范数或 ℓ_2 范数的方法处理，常见的贪婪迭代方法通常解决的是这类松弛后的等效优化问题，然而却难以在这种问题上同时兼顾运算的复杂度与精确度。

为了有效地解决上述优化问题 (3.26)，提出了一种具有 T 层迭代结构的 MMV-LAMP 网络，其结构如图 3.9 所示，而其运算的流程简单总结在算法 3.1 中。在给定的低位观测结果 $\boldsymbol{U}_\mathrm{UL}$ 下，可以准确地根据观测矩阵重构稀疏信号。

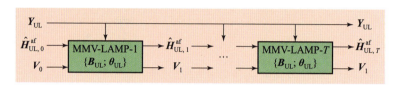

图 3.9　所提出的基于 MMV-LAMP 网络的信道重构网络

(其中可训练参数为 $\{\boldsymbol{B}_\mathrm{UL}, \boldsymbol{\theta}_\mathrm{UL}\}$)[32]

算法 3.1: 基于 MMV-LAMP 网络的信道重构网络 [32]

输入：接收信号 $\boldsymbol{Y}_\mathrm{UL}$，观测矩阵 $\boldsymbol{A}_\mathrm{UL}$，总层数 T
输出：第 T 层的估计结果 $\widehat{\boldsymbol{H}}^\mathrm{sf}_{\mathrm{UL},T}$

1: 初始化：$\boldsymbol{V}_0 = \boldsymbol{Y}_\mathrm{UL}$，$\widehat{\boldsymbol{H}}^\mathrm{af}_{\mathrm{UL},0} = \boldsymbol{0}$，$\boldsymbol{B}_\mathrm{UL} = \boldsymbol{A}^\mathrm{H}_\mathrm{UL}$，$\boldsymbol{\theta}_\mathrm{UL} = \{1, 1\}$
2: **for** $t = 1$ to T **do** do
3: $\quad \boldsymbol{R}_t = \widehat{\boldsymbol{H}}^\mathrm{af}_{\mathrm{UL},t-1} + \boldsymbol{B}_\mathrm{UL} \boldsymbol{V}_{t-1}$
4: $\quad \sigma_t = \dfrac{1}{\sqrt{QK}} \|\boldsymbol{V}_{t-1}\|_F$
5: $\quad \widehat{\boldsymbol{H}}^\mathrm{af}_{\mathrm{UL},t} = \eta\left(\boldsymbol{R}_t; \boldsymbol{\theta}_\mathrm{UL}, \sigma_t\right)$
6: $\quad b_t = \dfrac{1}{Q} \sum\limits_{j=1}^{G} \dfrac{\partial [\eta(\boldsymbol{R}_t; \boldsymbol{\theta}_\mathrm{UL}, \sigma_t)]_j}{\partial [\boldsymbol{R}_t(j,:)]}$
7: $\quad \boldsymbol{V}_t = \boldsymbol{Y}_\mathrm{UL} - \boldsymbol{A}_\mathrm{UL} \widehat{\boldsymbol{H}}^\mathrm{af}_{\mathrm{UL},t} + b_t \boldsymbol{V}_{t-1}$
8: **end for**

3.3.3.3　训练策略

然而，在实际操作中，该网络难以快速达到期望的性能，因为训练参数解空间较小，难以快速实现收敛，多层梯度衰减快，因此，这里采用逐层训练的策略来联合优化信道压缩网络（编码器）和信道重构网络（解码器）。训练过程中依次激活 T 层网络中的每一层，即先激活第一层网络训练指定轮次，再激活第二层网络，锁定第一层的训练结果，单独训练第二层；然后激活第三层网络，锁定前面所有层的训练结果，单独训练第三层，依此类推，直到完成第 T 层网络的训练为止。在每一层训练中，都采用 NMSE 误差函数作为训练指标，即

$$L_{\mathrm{UL},t}\left(\{\boldsymbol{\Xi}_{\mathrm{UL}}, \boldsymbol{B}_{\mathrm{UL}}, \boldsymbol{\theta}_{\mathrm{UL}}\}_t\right) = \sum_{n=1}^{N} \frac{\left\|\widehat{\boldsymbol{H}}_{\mathrm{UL},t}^{\mathrm{s},n} - \boldsymbol{H}_{\mathrm{UL}}^{\mathrm{sf},n}\right\|_F^2}{\left\|\boldsymbol{H}_{\mathrm{UL}}^{\mathrm{sf},n}\right\|_F^2}$$

$$= \sum_{n=1}^{N} \frac{\left\|\boldsymbol{D}^{\mathrm{H}} f_t\left(\boldsymbol{H}_{\mathrm{UL}}^{\mathrm{s},n}, \{\boldsymbol{\Xi}_{\mathrm{UL}}, \boldsymbol{B}_{\mathrm{UL}}, \boldsymbol{\theta}_{\mathrm{UL}}\}_t\right) - \boldsymbol{H}_{\mathrm{UL}}^{\mathrm{sf},n}\right\|_F^2}{\left\|\boldsymbol{H}_{\mathrm{UL}}^{\mathrm{sf},n}\right\|_F^2} \tag{3.27}$$

作为训练的代价函数。式中，N 是训练集中每一个批次的数据样本的数量；$\boldsymbol{H}_{\mathrm{UL}}^{\mathrm{sf},n}$ 是第 n 个上行链路空间频率域信道样本。值得一提的是，参数初始化对于 LAMP 类网络来说也至关重要，因此，在每一层开始训练时，都会将其参数初始化为上一层训练结果，以期加快网络的收敛过程。

3.3.4 性能分析

在仿真实验中，考虑基站端部署均匀线性阵列，其中天线数 $N_{\mathrm{BS}} = 256$，射频链路数 $N_{\mathrm{RF}} = 4$。在信道估计阶段，设置 OFDM 的子载波数 $K = 64$。冗余字典矩阵的过采样率为 $G/N_{\mathrm{BS}} = 4$，即，量化角度格点数 G 设置为 1 024。此外，仿真实验在 Python 3.6 环境和 TensorFlow 1.13.1 上进行，训练过程在英伟达 RTX 2080Ti 显卡上完成。

仿真中，MMV-LAMP 网络包含 $T = 5$ 层重构网络模块，每一层都拥有相同的模型结构，多载波样本共计 $S_{\mathrm{tr}} = 5\,000$ 组，验证和测试集分别为 $S_{\mathrm{val}} = 2\,000$ 和 $S_{\mathrm{te}} = 1\,000$。信道重建的验证指标仍为 NMSE

$$\mathrm{NMSE}(\boldsymbol{H}, \widehat{\boldsymbol{H}}) = 10 \log_{10}\left(\mathbb{E}\left[\frac{\|\boldsymbol{H} - \widehat{\boldsymbol{H}}\|_F^2}{\|\boldsymbol{H}\|_F^2}\right]\right) \tag{3.28}$$

首先测试对比了不同信道估计方案的 NMSE 性能与 SNR 的关系图，其中包括所提出的利用 MMV-LAMP 网络的基于模型驱动深度学习的信道估计方案、数据驱动深度学习的信道估计方案[80]、基于 LAMP 网络的信道估计方案[31]，以及两种基于模型的信道估计方案，即，MMV-AMP 算法[12]、SOMP 算法[81]，结果如图 3.10 所示。此处考虑信道传播路径数为 $L = 8$。此外，由于需要与其他方案维持统一（基于 AMP 算法的信道估计方案中，观测矩阵的元素需要满足独立同分布的性质），在对比该方案时，没有考虑冗余字典矩阵，即 $G = NBS = 256$。

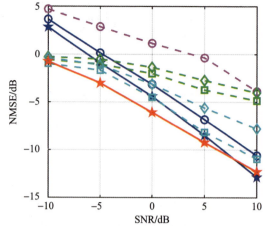

○:MMV-AMP, G=256, M=40; ○:SOMP, G=1 024, M=40;
★:SOMP, G=1 024, M=80; □:数据驱动, G=1 024, M=40;
□:数据驱动, G=1 024, M=80; ◇:LAMP网络, G=1 024, M=40;
◇:LAMP网络, G=1 024, M=80; ★:所提方案, G=1 024, M=40。

图 3.10 不同信道估计方案的 NMSE 性能对比 [32]

容易发现，相对于其他信道估计方案，所提出方案即使在更少的导频开销的情况下，仍有更优的性能表现。这是由于级联的全连接信道压缩网络和基于 MMV-LAMP 的重建网络结构利用了已知的物理机理和先验模型知识，可以减少要优化的可训练参数的数量，并且可以充分利用贝叶斯理论提高估计准确性。也可以发现，在低 SNR 范围内，相较于其他信道估计方案，本节中提出的信道估计方案可以极大地提升信道估计 NMSE 性能。

进一步测试了在基站的天线数量 $N_{BS} = 128$ 的情况下，所提方案的信道估计 NMSE 性能，如图 3.11 所示。由于波束赋形矩阵以及合并器矩阵的维度与基站的天线数量有关，改变基站的天线数量需要重新训练信道压缩网络和信道重构网络。为了满足相同的压缩比例，即 $M/N_{BS} = 40/256$，采用的导频开销数为 $M = 20$。这种情况下，所提方案的信道估计性能依然比其他信道估计方案有优势。

进一步对不同子载波的情况做了对比，详情如图 3.11(b) 所示。算法原本基于 $K = 64$ 子载波情况推导训练，因此，在其他载波情形时，将子载波按照每 64 个一组分为多组，但分组采用均匀子载波采样的方式，而不采用分块分组的方式。仿真表明，划分多组后，性能表现仍然稳定，符合预期。

前面提到采用过冗余字典的方式令角度域信道更为稀疏，更能清晰识别。此处将采用过冗余字典与不采用的性能进行了对比，以证明过冗余字典的有效性。此处采用了 4 倍过冗余字典，并且和多观测有明显性能提升的 SOMP 算法进行

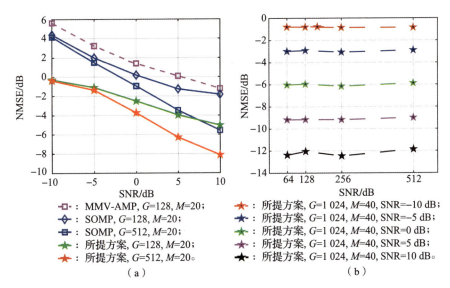

图 3.11 不同信道估计方案的 NMSE 性能对比 (a) 和多载波性能对比 (b)[32]

对比。此外，MMV-LAMP 在训练中依赖于多载波的先验信息，因此始终基于多载波训练。将单载波训练的版本同样用相同数据集训练，并对比多载波训练时的性能表现，观察多载波训练带来的增益。如图 3.12 所示，显然通过过冗余字典和多载波训练都能看到明显的性能增益。

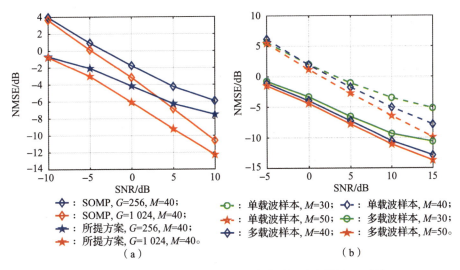

图 3.12 冗余字典有效性 (a) 和多载波训练有效性 (b)[32]

最后，为了更加清楚地展示出所提出的信道估计方案相较于其他先进的信道估计方案中导频降低的比例，对比了该方案与目前 4 种先进方案之间的性能差异，具体结果见表 3.1。设置 SNR = 0 dB、5 dB 的毫米波常见信噪比情况，可以看到，与 MMV-AMP 算法、LAMP 网络，以及数据驱动深度学习在 $M=40$、80 的情况下相对比，提出的方案的信道估计 NMSE 的性能均更有优势。

表 3.1　NMSE 性能对比 [32]

信道估计方案	SNR=0 dB		SNR=5 dB	
	$M=40$	$M=80$	$M=40$	$M=80$
MMV-AMP	1.15	−0.31	1.15	−0.31
SMV-LAMP	−1.37	−3.13	−1.37	−3.13
数据驱动	−2.02	−4.49	−2.02	−4.49
SOMP	−3.14	−4.39	−3.14	−4.39
MMV-LAMP	−6.06		−6.06	

3.3.5　小结

在本节中，通过利用信道在角度域上的稀疏特性，提出了一种适用于宽带毫米波大规模混合 MIMO 系统的基于模型驱动深度学习的信道估计方案，用于降低系统导频开销。考虑 TDD 系统上行链路信道估计，仍采用了与上一节类似的深度学习中自编码器的结构，用于降低基站端估计高维信道所需的导频训练开销。通过从信道数据样本中学习可训练参数以及利用从先验模型中已知的信道结构化稀疏性，提出的 MMV-LAMP 网络可以联合重构多个子载波信道。此模型中设计了一个冗余字典矩阵来避免由于连续的路径角度和离散变换字典不匹配导致的信道估计性能损失的问题。仿真结果表明，提出的基于模型驱动深度学习的信道估计方案能获得更好的信道估计性能。

第 4 章
基于人工智能技术的信道压缩反馈

4.1 引言

由于无线数据流量需求的增加，Tera-Hertz 通信受到了广泛关注，因为 Tera-Hertz 波段提供了更多未经许可的带宽，相比毫米波波段，可以实现更高的数据速率和更低的延迟 [82,83]。然而，Tera-Hertz 波段面临着强大的大气衰减、自由空间损耗和对阻塞的敏感性等挑战 [83]。这些限制制约了 Tera-Hertz 通信系统的覆盖范围。在 Tera-Hertz 通信系统中部署大规模 MIMO 可以提供波束成形增益并增加覆盖范围 [84]，因此，大规模 MIMO 成为克服 Tera-Hertz 通信限制的有希望的解决方案。

在 Tera-Hertz 大规模 MIMO-OFDM 系统中获取下行链路 CSI 的挑战来自多个因素，如 RF 链的校准误差以及 UE 有限的上行链路发射功率不足以补偿高路径损失。与传统的 SUB-6 GHz 时分双工系统不同，利用信道互易性基于上行链路信道估计获得下行链路 CSI 是具有挑战性的 [82]。为了克服这一点，在 Tera-Hertz 大规模 MIMO-OFDM 系统中，UE 使用接收到的下行链路导频信号估计下行链路 CSI，并反馈给基站 [82,85]。大规模 MIMO 可以提高系统容量和能效，但在基站获取准确的 CSI 的同时，低导频和反馈开销是一个关键挑战 [82,83]。

为了估计准确的 CSI，针对窄带和宽带信道，已提出基于最小二乘的估计方案 [19,22]。为了最小化所需的导频信号开销，已使用 CS 算法来利用大规模 MIMO-OFDM 信道在角度和延迟域的稀疏性，如文献 [41,43,86 – 88] 中所示。例如，一些现有的 CS 方案使用 OMP[86]、AMP[87] 或原子范数最小化 [88] 基于接收到的导频信号在 UE 处估计 CSI。然而，即使使用这些 CS 技术，在 UE 处使用有限的 RF 链估计高维 CSI 仍然会导致显著的导频信号开销。

针对大规模 MIMO-OFDM 系统，已提出了几种反馈方案，包括利用 CS 算法估计信道的稀疏参数并将其反馈给 BS，以重构 CSI 的方法 [75,89,90]，以及基站或 RIS 执行波束扫描，UE 反馈具有最高 SNR 波束的索引，以进行预编码设计的码本基方法[91,92]。然而，在 RIS 辅助的 Tera-Hertz 大规模 MIMO-OFDM 信道中，大 CSI 维度仍然导致高信号开销和计算复杂性，这些方法依赖于信道稀疏性的假设。

最近，深度学习在通信物理层传输领域获得了显著关注。在信道估计方面，已经提出使用 DNN 作为一种解决方案[33,41,43]。此外，还提出了基于 CNN 的 CSI 反馈方案，以减少信号开销并提高准确性，包括 csiNet 及其变体[35,93,94]。

4.2 基于深度学习的 CSI 反馈

4.2.1 系统模型

考虑了一个场景，其中一个配备了大规模 MIMO 阵列（N_t 个天线和 K 个 RF 链）的 BS 服务于一个单天线 UE，子载波数量为 N_c。在下行链路导频传输阶段，假设 BS 发送 Q 个导频 OFDM 符号，然后在第 q 个导频 OFDM 符号的第 n 个子载波上接收到的信号为

$$y[q,n] = \boldsymbol{h}^{\mathrm{H}}[n]\boldsymbol{F}_{\mathrm{RF}}[q]\boldsymbol{f}_{\mathrm{BB}}[q,n] + z[q,n] \tag{4.1}$$

式中，$\boldsymbol{f}_{\mathrm{BB}}[q,n] \in \mathbb{C}^{K \times 1}$ 是第 n 个子载波上的数字基带导频信号；$\boldsymbol{F}_{\mathrm{RF}}[q] \in \mathbb{C}^{M \times K}$ 是 RF 模拟导频信号；$\boldsymbol{h}[n] \in \mathbb{C}^{N_t \times 1}$ 是 BS 与 UE 之间的信道向量；$z[q,n] \sim \mathcal{CN}(0, \sigma_n^2)$ 是 AWGN。进一步地，将所有导频 OFDM 符号的接收信号拼接起来，可以得到

$$\boldsymbol{y}[n] = \boldsymbol{X}[n]\boldsymbol{h}[n] + \boldsymbol{z}[n] \tag{4.2}$$

式中，$\boldsymbol{X}[n]=[\boldsymbol{F}_{\mathrm{RF}}[1]\boldsymbol{f}_{\mathrm{BB}}[1,n], \boldsymbol{F}_{\mathrm{RF}}[2]\boldsymbol{f}_{\mathrm{BB}}[2,n], \cdots, \boldsymbol{F}_{\mathrm{RF}}[Q]\boldsymbol{f}_{\mathrm{BB}}[Q,n]]^{\mathrm{H}} \in \mathbb{C}^{Q \times N_t}$；$\boldsymbol{y}[n] = [y[1,n], y[2,n], \cdots, y[Q,n]]^{\mathrm{H}} \in \mathbb{C}^{Q \times 1}$；$\boldsymbol{z}[n] = [z[1,n], z[2,n], \cdots, z[Q,n]]^{\mathrm{H}} \in \mathbb{C}^{Q \times 1}$。将所有子载波合并，总的接收导频信号为 $\boldsymbol{Y} = [\boldsymbol{y}[1], \boldsymbol{y}[2], \cdots, \boldsymbol{y}[N_c]]^{\mathrm{H}} \in \mathbb{C}^{N_c \times Q}$。然后，UE 需要压缩接收到的频率信号，对其进行量化，并将其反馈给 BS，该过程可以表示为

$$\boldsymbol{q} = \mathcal{Q}(\boldsymbol{Y}) \in \mathbb{R}^{B \times 1} \tag{4.3}$$

式中，$\mathcal{Q}(\cdot)$ 是从接收导频信号到反馈比特的映射函数。基于反馈比特，UE 需要重构 CSI，该过程可以表示为

$$\widehat{\boldsymbol{H}} = \mathcal{C}(\boldsymbol{q}) \in \mathbb{C}^{N_t \times N_c} \tag{4.4}$$

式中，$\mathcal{C}(\cdot)$ 是从反馈比特向量到重构下行链路 CSI 的映射函数。

关于信道模型，选择了在文献 [33] 中介绍的典型多路径信道模型。

基于上述处理过程，考虑最小化 CSI 重构的 NMSE，优化问题可以写为

$$\begin{aligned}
&\underset{\mathcal{W}, \mathcal{Q}(\cdot), \mathcal{C}(\cdot)}{\text{minimize}} \quad \text{NMSE} = \frac{\left\|\widehat{\boldsymbol{H}} - \boldsymbol{H}\right\|_F^2}{\|\boldsymbol{H}\|_F^2} \\
&\text{s.t.} \quad \boldsymbol{q} = \mathcal{Q}(\boldsymbol{Y}), \\
&\qquad \widehat{\boldsymbol{H}} = \mathcal{C}(\boldsymbol{q}), \\
&\qquad \boldsymbol{F}_{\text{RF}}[q] \in F_{\text{RF}}, \forall q, \\
&\qquad |\boldsymbol{F}_{\text{RF}}[q]\boldsymbol{f}_{\text{BB}}[q,n]|_2^2 \leqslant P_t, \forall q, n
\end{aligned} \quad (4.5)$$

集合 $\mathcal{W}$ 包含了 BS 在导频传输阶段传输的导频信号，包括所有 q 和 n 值的 $\boldsymbol{F}_{\text{RF}}[q]$ 和 $\boldsymbol{f}_{\text{BB}}[q,n]$。

由于复杂的约束和众多变量，导频设计、UE 的上行链路 CSI 反馈以及 BS 的 CSI 重构的联合优化面临挑战。传统方法倾向于分别优化这些模块，导致过多的导频和反馈信号开销。为克服这些限制，提出了一种数据驱动的基于深度学习的方法，通过将导频设计、上行链路 CSI 反馈和 CSI 重构建模为端到端神经网络，实现更高效的联合优化。

4.2.2 提出的 CSI 反馈方案

在式 (4.2) 所描述的下行链路导频传输阶段，设计参数包括数字基带导频信号 $\boldsymbol{f}_{\text{BB}}[q,n]$ 和模拟 RF 导频信号 $\boldsymbol{F}_{\text{RF}}[q]$，对所有 $1 \leqslant n \leqslant N_c$ 和 $1 \leqslant q \leqslant Q$ 的值。与文献中发现的，如文献 [32,33] 那样，直接将导频信号建模为全连接层的先前深度学习方案不同，本研究考虑了一个更复杂的混合波束成形大规模 MIMO-OFDM 系统，其中数字基带导频信号表现出频率选择性，而模拟 RF 导频信号是频率平坦的，并符合单位模约束。因此，数字基带导频信号 $\boldsymbol{f}_{\text{BB}}[q,n]$ 和模拟 RF 导频信号的相位值 $\boldsymbol{\Theta}_{\text{RF}}^p[q] \in \mathbb{R}^{M_b \times K}$ 被视为可训练参数，在深度学习训练阶段可以进行优化。

通过应用复指数函数转换相位矩阵 $\boldsymbol{\Theta}_{\text{RF}}^p$ 和 $\boldsymbol{\Theta}_{\text{RIS}}^p$，得到

$$\boldsymbol{F}_{\text{RF}}[q] = \exp(\text{j} \cdot \boldsymbol{\Theta}_{\text{RF}}^p[q])/\sqrt{M_b}, \forall q \quad (4.6)$$

确保满足模拟导频信号 $\boldsymbol{F}_{\text{RF}}[q] \in \mathcal{F}_{\text{RF}}$ 的单位模约束。

然后对数字导频信号进行功率归一化，以满足功率约束

$$\boldsymbol{f}_{\text{BB}}[q,n] = \frac{\sqrt{P_t}\boldsymbol{f}_{\text{BB}}[q,n]}{|\boldsymbol{F}_{\text{RF}}[q]\boldsymbol{f}_{\text{BB}}[q,n]|_2}, \forall q, n \quad (4.7)$$

在上行链路 CSI 反馈阶段，UE 从接收到的导频信号获取 CSI 并返回给 BS 的过程被建模为一个基于 Transformer 的导频压缩器，如图 4.1 所示。为准备这个压缩器的输入，2D 复值矩阵 $\boldsymbol{Y}$ 被重塑为 1D 实值输入序列 $\bar{\boldsymbol{Y}} \in \mathbb{R}^{N_c \times 2Q}$，即

$$\begin{cases} [\bar{\boldsymbol{Y}}]_{[:,1:Q]} = \Re\{\boldsymbol{Y}\} \\ [\bar{\boldsymbol{Y}}]_{[:,1+Q:2Q]} = \Im\{\boldsymbol{Y}\} \end{cases} \tag{4.8}$$

式中，$\Re$ 和 $\Im$ 分别表示实部和虚部。首先，通过 Transformer 处理这个实值序列，并通过使用全连接线性层和 Sigmoid 激活函数进一步压缩成码字。然后，通过量化层将码字量化为 B 个反馈比特。反馈比特向量可以表示为

$$\boldsymbol{q} = \mathcal{Q}(\boldsymbol{Y}; \mathcal{W}_{\text{PC}}) \tag{4.9}$$

式中，$\mathcal{Q}(\cdot; \mathcal{W}_{\text{PC}})$ 表示从接收到的导频信号 $\boldsymbol{Y}$ 到反馈向量 $\boldsymbol{q}$ 的映射。

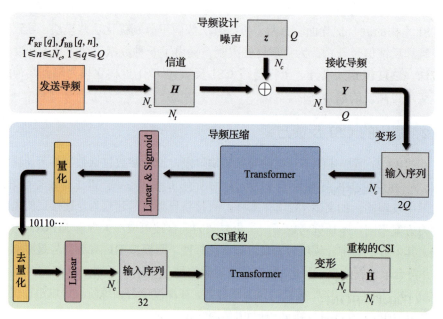

图 4.1　所提出的深度学习方案用于联合优化 BS 的下行链路先导信号、
UE 的上行链路 CSI 反馈和 BS 的 CSI 重构
（CSI 获取网络（CSI Acquisition Network, CAN）[95]）

在 BS 端，可以基于接收到的反馈比特向量 $\boldsymbol{q}$ 重建下行链路 CSI，假设从 UE 到 BS 的反馈中没有误差。信道重建过程被建模为一个基于 Transformer 的 CSI 重建器，如图 4.1 下半部分所示。

接收到的反馈比特向量经过去量化，然后通过全连接线性层转换成序列输

入。Transformer 从输入序列中提取特征，并输出重构的下行链路 RIS-UE CSI，$\widehat{\boldsymbol{H}}$。这个信道重建过程可以表示为 $\widehat{\boldsymbol{H}} = \mathcal{R}(\boldsymbol{q}; \mathcal{W}_{\text{CR}})$，其中，$\mathcal{R}(\cdot; \mathcal{W}_{\text{CR}})$ 表示从 $\boldsymbol{q}$ 到重构的 CSI，$\widehat{\boldsymbol{H}}$ 的映射函数，$\mathcal{W}_{\text{CR}}$ 是可学习的神经网络参数。

提出的框架包括以下可学习参数：导频信号，$\boldsymbol{\Theta}_{\text{RF}}^{p}[q]$ 和 $\boldsymbol{f}_{\text{BB}}[q,n]$，$q$，$n$，UE 端导频压缩器的可学习参数集 $\mathcal{W}_{\text{PC}}$，以及 BS 端 CSI 重建器的可学习参数集 $\mathcal{W}_{\text{CR}}$。提出方案的端到端性能通过 NMSE 评估，定义为

$$L_{\text{E2E}}^{(2)} = \text{NMSE} = \frac{1}{K} \sum_{k=1}^{K} \frac{\left\| \widehat{\boldsymbol{H}}_{\text{RU}}[k] - \boldsymbol{H}_{\text{RU}}[k] \right\|_F^2}{\left\| \boldsymbol{H}_{\text{RU}}[k] \right\|_F^2} \qquad (4.10)$$

可以对提出的网络进行端到端深度学习训练，以获得上述可学习参数。

4.3 仿　　真

本节通过仿真验证所提出的基于深度学习的 CSI 反馈方案的性能。

4.3.1 仿真设置

为了评估 CSI 获取的性能，模拟并比较了以下方法。

- **完美估计 & csiNet**：在 UE 已知完全准确的 CSI 的场景中，CSI 估计过程变得多余，而所使用的 CSI 反馈机制是基于 CNN 的方案，称为"csiNet"[35]。

- **GMMV-SOMP/BSOMP/AMP/LAMP & 完美反馈**：在这个场景中，UE 使用基于 GMMV 的 CS 算法估计下行链路 CSI。所使用的算法包括 SOMP[86]、BSOMP[96]、AMP[97] 和 LAMP[32]。假设估计的 CSI 被完美地反馈给 BS。GMMV-LAMP 算法是 LAMP 算法在多测量向量场景中的扩展[32]，其中使用频率选择性参数代替频率平坦测量和可学习参数。

- **GMMV-SOMP/BSOMP/AMP/LAMP & csiNet**：在这个场景中，使用 GMMV-SOMP、GMMV-BSOMP、GMMV-AMP 或 GMMV-LAMP 算法估计下行链路 CSI。然后通过使用 csiNet 从 UE 传输 CSI 到 BS，这涉及在 UE 端使用 CSI 压缩器以及在 BS 端使用 CSI 重建器[35]。

- **提出的方案**：在这个场景中，采用端到端训练方法优化 BS 生成的下行链路导频信号的联合性能，以及 UE 端的导频压缩器和 BS 端的 CSI 重建器。

4.3.2 不同 CSI 反馈方案的性能比较

在图 4.2 中,展示了不同方案在 CSI 获取中 NMSE 性能的比较。可以注意到,利用 csiNet 进行反馈的传统 CSI 估计方案,如 GMMV-SOMP、GMMV-BSOMP、GMMV-AMP 和 GMMV-LAMP 算法,在导频和反馈信号开销不足时(即 $Q < 50, B = 32$),未能达到满意的稀疏恢复性能;相反,即使仅使用 $Q = 1$ 个导频 OFDM 符号,提出的方案也能达到低于 0.1 的 NMSE 性能。此外,即使与具有完美 CSI 反馈的传统 CSI 估计方案相比,提出的方案在 $Q < 50$ 时也展示了更优越的性能。数值结果突出了提出方案采用的 Transformer 架构与 csiNet 所用架构相比,在 CSI 重建性能上的优越性,即使与 $Q \geqslant 2$ 时的 csiNet 具有完美 CSI 估计相比较。

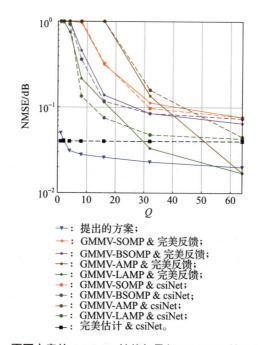

图 4.2 不同方案的 NMSE 性能与导频 OFDM 符号数的关系

($B = 32, P_t = 40$ dBm[95])

在图 4.3 中,展示了不同方案的 NMSE 性能的比较。结果表明,传统的基于 CS 的方案和基于模型驱动深度学习的 GMMV-LAMP 网络在低发射功率(即 $P_t \leqslant 10$ dBm)下运行效果不佳,而提出的方案仍然保持良好的性能。然而,由于反馈信号开销限制为 $B = 32$ 和导频信号开销为 $Q = 16$,提出方案的 NMSE 性能在发射功率增加到 $P_t \geqslant 30$ dBm 之后不再提高。这些数值结果证明了提出的方案在低发射功率下的鲁棒性。

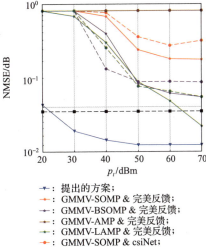

- ▼：提出的方案；
- ●：GMMV-SOMP & 完美反馈；
- ■：GMMV-BSOMP & 完美反馈；
- ●：GMMV-AMP & 完美反馈；
- ▲：GMMV-LAMP & 完美反馈；
- ●：GMMV-SOMP & csiNet；
- ●：GMMV-BSOMP & csiNet；
- ●：GMMV-AMP & csiNet；
- ▲：GMMV-LAMP & csiNet；
- ■：完美估计 & csiNet。

图 4.3　不同方案的 NMSE 性能与发射功率的关系
$(B=32, Q=16)$[95]

提出方案的性能与其他方案在 NMSE 和反馈信号开销方面进行了比较，结果如图 4.4 所示。表明提出的方案优于基于 csiNet 的解决方案，并且仅需要 20 位的反馈信号开销就能实现比传统的 CS 和 GMMV-LAMP 方案更好的 NMSE 性能。

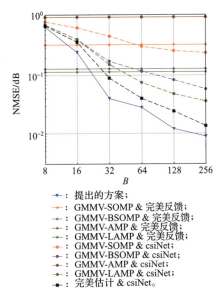

- ▼：提出的方案；
- ●：GMMV-SOMP & 完美反馈；
- ■：GMMV-BSOMP & 完美反馈；
- ●：GMMV-AMP & 完美反馈；
- ▲：GMMV-LAMP & 完美反馈；
- ●：GMMV-SOMP & csiNet；
- ●：GMMV-BSOMP & csiNet；
- ●：GMMV-AMP & csiNet；
- ▲：GMMV-LAMP & csiNet；
- ■：完美估计 & csiNet。

图 4.4　不同方案的 NMSE 性能与反馈信令开销的关系
$(Q=16, P_t=40 \text{ dBm})$[95]

提出方案在不同反馈比特量下的收敛过程在图 4.5 中进行了比较。仿真利用了一个预热策略来动态调整学习率。结果表明，提出方案在大约 10 000 个训练步骤后收敛到其最佳 NMSE 性能，相当于大约 30 min 的训练时间。

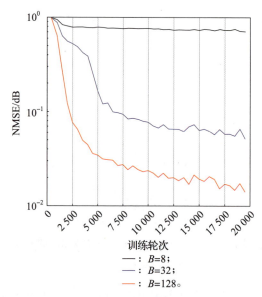

图 4.5　提出的 CAN 的收敛过程
($Q = 16$, $P_t = 40$ dBm)[95]

4.4　小结

本章介绍了在 Tera-Hertz 大规模 MIMO-OFDM 通信系统中基于深度学习的 CSI 反馈的研究。为了在 BS 上有效获得准确的 CSI，本书提出了一种新型 CSI 反馈网络，其特点是低导频和反馈信令开销。数值结果表明，与现有的最先进方法相比，所提出的深度学习方法的性能有了大幅提高。

第 5 章
基于人工智能技术的波束赋形设计

5.1 引言

当前的毫米波大规模 MIMO 技术面临着许多技术挑战,其中之一是如何降低由于天线数量增加而导致的硬件成本和功耗[98]。在传统的低频 MIMO 系统中,每个天线的幅度和相位通常通过基带的全数字波束赋形来控制,这简化了接收端的检测处理并优化了系统性能。然而,全数字波束赋形需要为每个天线配备一个射频链路,由高精度的功率放大器、ADC 和混频器组成。鉴于大规模 MIMO 系统中天线阵列的大尺度,这导致了过高的硬件成本和功耗。目前,混合波束赋形被认为是解决此问题的最佳方案。混合波束赋形用较小的数字波束赋形系统和较大的模拟波束赋形系统替代了传统的基带全数字波束赋形[99]。数字波束赋形系统由有限数量的射频链路组成,而模拟波束赋形系统由相移器网络组成,从而降低了硬件成本和功耗。

提出混合波束赋形方法旨在减少毫米波大规模 MIMO 系统中的功耗和硬件成本,迄今为止已经提出了许多混合波束赋形方案。在模拟-数字混合波束赋形中,波束赋形过程被分为基带数字波束赋形和射频模拟波束赋形。在由许多相移器组成的模拟波束赋形系统中,需要满足功率恒模约束,这是一个复杂的非凸优化问题,不能在多项式时间内解决。因此,通常的做法是提供一个代码本,限制模拟波束赋形在给定的代码本内搜索最优解。这种方法将模拟波束赋形矩阵的设计限制在较小的搜索范围内,大大降低了问题解决的复杂性。

在文献 [100 – 103] 中,对窄带平坦衰落信道下的混合波束赋形进行了良好的研究。在文献 [101] 中,基于 OMP 算法的混合波束赋形被使用。鉴于全数字波束赋形具有最佳结果,该方法使用 OMP 算法从代码本中搜索与全数字波束赋形相关性最高的基作为模拟波束赋形器,旨在接近全数字波束赋形系统的性能。在文献 [102] 中,提出了基于代码本的波束空间 SVD 混合波束赋形方案。这种方案可以避免复杂的矩阵逆运算并降低系统复杂性。与文献 [101] 和 [102] 不同,文

献 [100] 和 [103] 的目标是优化比特误差率性能，分别采用基于 GMD 的基带波束赋形和基于代码本的模拟波束赋形。在文献 [104] 中，提出了一种针对多用户场景的低复杂度相位强制混合波束赋形设计，主要考虑提取信道的共轭转置矩阵的相位作为模拟波束赋形矩阵，以最大化阵列增益。然而，它仅考虑了每个用户配置一个天线的通信场景。文献 [105] 和 [106] 分别提出了基于低复杂度代码本的两阶段混合波束赋形方法和一种启发式混合波束赋形方法，以支持多用户和单射频多天线通信场景。此外，在文献 [107] 中，通过利用多用户 MIMO 系统中上行和下行信道的对偶性，作者设计了一种迭代混合波束赋形方案。因此，针对多用户以及每个用户支持多流传输的混合波束赋形设计问题尚未得到良好解决。近期，文献 [108] 提出了一种支持每个用户进行多用户和多数据流传输的混合 BD 波束赋形方案。混合波束赋形方案基于传统的全数字 BD 算法进行了改进，且模拟波束赋形采用了文献 [104] 中的信道相位提取方案，以最大化阵列增益。

为了进一步平衡硬件成本、频谱效率和能效，研究人员优化了混合 MIMO 系统架构中的相位网络。在传统的相位网络中，每个射频链路都连接到所有的相移器和天线，这种连接模式也被称为全连接阵列。文献 [108 – 110] 提出每个射频链路仅连接到部分天线，这被称为部分连接阵列。部分子连接模式降低了系统复杂度，从而降低了系统功耗和成本。然而，在这种连接模式下，每个射频链路和与其连接的部分天线之间的连接关系是固定的，这限制了部分子连接的实际性能。因此，在文献 [110] 中，通过在射频链路和天线之间添加一个天线选择网络，将固定子连接结构升级为动态子连接结构，从而实现系统可以根据信道变化动态调整天线分组，以提高系统性能。

在本章中，提出了数据驱动和模型驱动的智能波束赋形方法，有效地提高了总速率性能并降低了计算复杂度。具体来说，数据驱动方案使用 MLP 设计波束赋形器，而模型驱动方案展开了 SOR 迭代算法，并优化了嵌入式超参数，以实现 RZF。

5.2 问题建模

如图 5.1 所示，考虑一个支持多流传输的单用户 MIMO 下行通信场景作为基本模型。基站发射机配备有 N_t^{RF} 个射频链路和 N_t 个发射天线，其中，天线的数量显著超过射频链路的数量。每个用户配备有 N_r 个天线和 N_r^{RF} 个射频链路。基站一次传输 N_s 个数据流，由信号 s 表示，这是一个 $N_s \times 1$ 符号向量。经过基带数字波束赋形 $\boldsymbol{F}_{\text{BB}}$ 后，基带信号进一步通过模拟波束赋形器 $\boldsymbol{F}_{\text{RF}}$ 进行处理，得到射频传输信号。由于相移器网络和天线阵列采用部分连接结构，模拟波

束赋形矩阵 F_{RF} 是一个块对角矩阵。因此，从基站传输的离散信号可以表示为 $s_t = F_{RF}F_{BB}s$，其中，s 是一个 $N_t \times 1$ 符号向量。用户端接收天线接收到的信号可以表示为

$$y = Hs^t + n = HF_{RF}F_{BB}s + n \tag{5.1}$$

式中，y 表示 $N_r \times 1$ 接收向量；n 是加性白高斯噪声。此外，为了便于波束赋形，假设信道 H 完全且即时地为发射机和接收机所知。

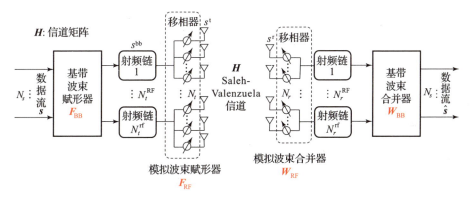

图 5.1 单用户大规模 MIMO 系统的下行链路混合波束赋形系统模型

对于用户部分，也使用了具有相移网络的射频合成器和基带数字合成器来处理接收到的信号

$$\tilde{s} = W_{BB}W_{RF}y = W_{BB}W_{RF}HF_{RF}F_{RF}s + W_{BB}W_{RF}n \tag{5.2}$$

式中，W_{RF} 是一个 $N_r^{RF} \times N_r$ 的射频合成矩阵；W_{BB} 是一个 $N_r \times N_r^{RF}$ 的基带合成矩阵。与模拟波束赋形器类似，W_{RF} 也采用了子连接结构，意味着 W_{RF} 也是一个块对角矩阵。鉴于上式，混合波束赋形的优化问题可以重写为

$$\begin{aligned}
\min_{F_{RF},F_{BB},W_{RF},W_{BB}} & \quad \|s - W_{BB}W_{RF}HF_{RF}F_{BB}s + W_{BB}W_{RF}n\|^2 \\
\text{s.t.} & \quad F_{RF} \in \mathcal{F}_{RF} \\
& \quad W_{RF} \in \mathcal{W}_{RF} \\
& \quad \|F_{RF}F_{BB}\|_F^2 = N_s
\end{aligned} \tag{5.3}$$

式中，$\mathcal{F}_{RF}$ 是射频波束赋形器的可行集；$\mathcal{W}_{RF}$ 是射频合成器的可行集，且满足总传输功率约束。显然，整个优化问题是非凸的，需要对四个波束赋形矩阵变量

(F_{BB}, F_{RF}, W_{BB}, W_{RF})进行联合优化。对于这种约束的联合优化问题,很难获得全局最优解。因此,将此问题转化为一个神经网络优化问题。

5.3 基于数据驱动的大规模 MIMO 系统波束赋形

5.3.1 全数字阵列波束赋形方案

如图 5.2 所示,本章将传统混合波束赋形算法中的波束赋形矩阵转换为级联的神经网络,这等价于从输入信号到输出信号的数学映射。对于发射机的基带波束赋形器,采用一个可以调整输入信号幅度和相位的全连接神经网络。由于该基带波束赋形器的输入是从星座图映射得到的复信号,将复信号分为实部和虚部,以便于反向传播。因此,DNN 的输入为 $\boldsymbol{S} = \left[\mathcal{R}(\boldsymbol{s}), \tilde{\mathcal{S}}(\boldsymbol{s})\right]$,第一个全连接层的输出可以表示为

$$\boldsymbol{S}^{p1} = \sigma_{\text{ReLU}}(\boldsymbol{W}^{p1}\boldsymbol{S} + \boldsymbol{b}^{p1}) = \max(\boldsymbol{W}^{p1}\boldsymbol{S} + \boldsymbol{b}^{p1}, 0) \tag{5.4}$$

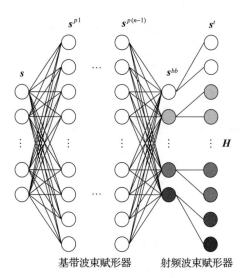

图 5.2 基带波束赋形器和射频模拟波束赋形器

式中,$\boldsymbol{S}^{p1}$ 表示第一个全连接层的输出;σ_{ReLU} 表示修正线性单元激活函数;$\boldsymbol{W}^{p1}$ 是权重矩阵;$\boldsymbol{S}$ 是输入信号;$\boldsymbol{b}^{p1}$ 是偏置向量。基于上述描述,上述方程中的过程可以简化为一个函数

$$\boldsymbol{S}^{p1} = f(\boldsymbol{S}; \alpha) \tag{5.5}$$

式中，α 表示神经网络中权重 $\boldsymbol{W}$ 和偏置 $\boldsymbol{b}$ 的集合。由 n 层全连接神经网络组成的基带波束赋形器的输出表示为

$$\boldsymbol{S}^{bb} = \boldsymbol{S}^{pn} = f^{(n)}(\cdots f^{(2)}(f^{(1)}(f(\boldsymbol{s};\alpha^{(1)});\alpha^{(2)});\cdots;\alpha^{(n)}) \tag{5.6}$$

可以将上述过程总结如下

$$\boldsymbol{S}^{bb} = f_t^n(\boldsymbol{S};\alpha_t^n) \tag{5.7}$$

图 5.3 所示为射频模拟波束赋形器。

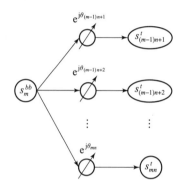

图 5.3 射频模拟波束赋形器

5.3.2 扩展至混合模拟-数字阵列架构

对于射频波束赋形部分，采用部分子连接结构，其中每个射频链路仅连接到一部分发射天线，如图 5.3 所示。来自 N_r^{RF} 链路的复信号分别输入射频波束赋形器的相移网络中，以实现相位移动。射频波束赋形网络中相移后的复信号可以写为

$$\begin{aligned}
\boldsymbol{s}^t &= \rho \left[\boldsymbol{s}_1^t, \boldsymbol{s}_2^t, \cdots, \boldsymbol{s}_{N_t^{RF}}^t\right]^{\mathrm{T}} = \rho \left[\boldsymbol{s}_1^t, \boldsymbol{s}_2^t, \cdots, \boldsymbol{s}_{N^t}^t\right]^{\mathrm{T}} \\
\boldsymbol{s}_m^t &= \left[s_{(m-1)n+1}^t, s_{(m-1)n+2}^t, \cdots, s_{mn}^t\right] \\
&= s_m^{bb} \left[e^{\mathrm{j}\theta_{(m-1)n+1}}, e^{\mathrm{j}\theta_{(m-1)n+2}}, \cdots, e^{\mathrm{j}\theta_{mn}}\right]
\end{aligned} \tag{5.8}$$

式中，$m \in \{1, 2, \cdots, N_t^{RF}\}$；$n = N_t / N_t^{rf}$ 且 $\boldsymbol{s}_m^t$ 是第 m 个射频链路的相移信号。为了满足总发射功率约束，功率控制参数 ρ 设置为 $\rho = \left(\sum i = 1^{N_t}|s_i^t|^2\right)^{-0.5}$。第 k 个天线上的发射信号表示为 $\boldsymbol{s}_k^t$。同样，射频波束赋形器的复输出可以表示为

$$\boldsymbol{s}^t = g_t\left(\boldsymbol{s}_t^{bb}; \theta_t\right) \tag{5.9}$$

式中，$g_t(\cdot)$ 表示射频波束赋形器；θ_t 表示射频波束赋形器的参数。

图 5.4 中的射频模拟合成器结构与射频波束赋形器相同。通过相移网络后的合成器输出，对于第 q 个天线，可以表示为

$$\boldsymbol{s}^r = \left[s_1^r, s_2^r, \cdots, s_{N_r}^r\right]^{\mathrm{T}} \quad s_p^{rf} = \sum_{i=1}^{q} s_{(p-1)(q+i)}^r \mathrm{e}^{\mathrm{j}\theta_{(p-1)q+i}} \tag{5.10}$$

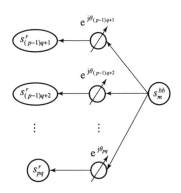

图 5.4 射频模拟合并器

式中，$\boldsymbol{s}^r$ 是接收信号向量；s_l^r 表示第 l 个天线接收的信号。从射频合成器输出的第 p 个射频链路信号表示为 $\boldsymbol{s}_p^{rf}$，其中，$p \in 1, 2, \cdots, N_t^{\mathrm{RF}}$。同样，射频合成器的复输出信号可以表示为

$$\boldsymbol{s}_r^{rf} = g_r\left(\boldsymbol{s}^r; \theta_r\right) \tag{5.11}$$

与基带波束赋形器一样，基带合成器采用级联神经网络。因此，基带合成器的输出可以表示为

$$\widehat{\boldsymbol{S}} = \boldsymbol{f}_r^n(\boldsymbol{S}^{rf}; \alpha_r^n) \tag{5.12}$$

最后，将系统映射到神经网络中，最终优化问题可以表示为：

$$\underset{\alpha_t, \alpha_r, \theta_t, \theta_r}{\text{minimise}} \left\| \boldsymbol{s} - \boldsymbol{f}_r^n\left(g_r\left(\left(\boldsymbol{H} \times g_t\left(\boldsymbol{f}_t^n\left(\boldsymbol{s}; \alpha_t\right); \theta_t\right) + \boldsymbol{n}\right); \theta_r\right); \alpha_r\right) \right\|^2 \tag{5.13}$$

5.4 基于模型驱动的大规模 MIMO 系统波束赋形

与基于数据驱动的方法不同，模型驱动的模型能够充分利用实际知识以进一步提高性能。例如，之前提出的基于数据驱动的方法只能处理单用户场景，因为它无法在不添加额外约束的情况下确保多用户公平。因此，在本节中，将介绍一种具有更高鲁棒性的模型驱动方法。

5.4.1 模型介绍

在大规模 MIMO 系统中，第 u 个 UE 在第 k 个子载波上期望接收的下行信号可以表示为

$$y_u[k] = \boldsymbol{w}_u^{\mathrm{H}}[k] \left(\boldsymbol{H}_u^{\mathrm{DL}}[k] \boldsymbol{F}[k] \boldsymbol{s}[k] + \boldsymbol{n}_u[k] \right) \tag{5.14}$$

式中，$\boldsymbol{w}_u[k] \in \mathbb{C}^{N_{\mathrm{UE}}}$ 是第 u 个 UE 的合成器；$\boldsymbol{H}_u^{\mathrm{DL}}[k] \in \mathbb{C}^{N_{\mathrm{UE}} \times N_{\mathrm{BS}}}$ 表示从基站（BS）到第 u 个 UE 的信道矩阵；$\boldsymbol{F}[k] = \boldsymbol{F}^{\mathrm{RF}} \boldsymbol{F}^{\mathrm{BB}}[k] \in \mathbb{C}^{N_{\mathrm{BS}} \times U}$ 是基站处完整混合波束赋形器的一部分；$\boldsymbol{n}_u[k] \in \mathbb{C}^{N_{\mathrm{UE}} \times 1}$ 是 AWGN 向量，其中，$\boldsymbol{n}_u[k] \sim \mathcal{CN}(\boldsymbol{0}, \sigma_u^2 \boldsymbol{I}_{N_{\mathrm{UE}} \times N_{\mathrm{UE}}})$。

随着大规模 MIMO 系统中可用天线数量的持续增长，通信系统可以充分利用大规模阵列带来的空间自由度，通过形成具有高定向增益和抑制旁瓣泄漏的超窄波束，提高能效并大大增强下行链路的频谱效率。近年来，相关研究倾向于采用基于优化[111,112]和矩阵分解[113]的方法。这些方法可以在某些标准下实现最优波束赋形设计，但随着天线数量的增加，算法涉及的解空间显著增加，这也给硬件带来了巨大的计算压力。幸运的是，大规模 MIMO 信道的特性表明，线性波束赋形算法可以实现接近最优的频谱效率，这启发优化线性波束赋形方法，以在不失去太多性能的情况下降低复杂性。

大规模 MIMO 系统中信道的渐进正交性使线性波束赋形方案能够以较低的计算复杂度实现接近最优的总速率性能[114,115]。然而，ZF 等线性方法仍然在信道矩阵病态条件下遭受严重性能恶化、对数值扰动敏感，以及大矩阵逆问题的计算复杂性。因此，考虑了一种名为 LMMSE 的最优线性波束赋形，以对抗性能损失，如下所示

$$\tilde{\boldsymbol{F}}_{\mathrm{lmmse}}[k] = \left(\tilde{\boldsymbol{H}}^{\mathrm{DL}}[k] \right)^{\mathrm{H}} \left(\left(\tilde{\boldsymbol{H}}^{\mathrm{DL}}[k] \left(\tilde{\boldsymbol{H}}^{\mathrm{DL}}[k] \right)^{\mathrm{H}} + \boldsymbol{C}[k] \right) + \sigma_n^2 \boldsymbol{I} \right)^{-1} \tag{5.15}$$

式中，$\boldsymbol{C}[k] = \mathbb{E}[\boldsymbol{e}_k \boldsymbol{e}_k^{\mathrm{H}}]$ 表示第 k 个子载波上 CSI 重建误差 $\boldsymbol{e}_k$ 的自相关矩阵；$\tilde{\boldsymbol{H}}^{\mathrm{DL}}[k] \in \mathbb{C}^{UN_{\mathrm{UE}} \times N_{\mathrm{BS}}}$ 表示重建的信道矩阵。可以将波束赋形器简化为正则化形式

$$\tilde{\boldsymbol{F}}_{\mathrm{rzf}}[k] = \left(\tilde{\boldsymbol{H}}^{\mathrm{DL}}[k] \right)^{\mathrm{H}} \left(\tilde{\boldsymbol{H}}^{\mathrm{DL}}[k] \left(\tilde{\boldsymbol{H}}^{\mathrm{DL}}[k] \right)^{\mathrm{H}} + \mathrm{diag}(\boldsymbol{\alpha}) \tilde{\boldsymbol{C}}[k] \right)^{-1} \tag{5.16}$$

式中，使用 $\tilde{\boldsymbol{C}}[k] \in \mathbb{C}^{UN_{\mathrm{UE}} \times UN_{\mathrm{UE}}}$ 来表示正则化矩阵；$\boldsymbol{\alpha} = [\alpha_1, \alpha_2, \cdots, \alpha_{UN_{\mathrm{UE}}}]^{\mathrm{H}}$ 表示缩放因子向量。当有独立同分布（i.i.d.）的噪声和重建误差时，正则化项和缩放因子向量分别退化为相同的矩阵和标量，而在一些额外假设下，渐近最优 α^*

的闭式解可以给出为

$$\bar{\alpha}^* = \left(\frac{\sigma_n^2 + \varepsilon^2}{1 - \varepsilon^2}\right) \frac{U}{N_{\text{BS}}} \tag{5.17}$$

这在几个强假设下可以证明[116]，例如

- 考虑的场景是传统的单个基站广播模型。
- 假设 UE 的数量 U 和基站天线的数量 N_{BS} 非常大，以便进行渐进分析。
- 信道矩阵假设为高斯 i.i.d.，在没有天线相关性的均匀网络中。
- 估计和反馈误差假设对所有 UE 来说都是相同的 ε，其中失真 ε 定义为[116]

$$\hat{h} = \sqrt{1 - \varepsilon^2} h + \varepsilon n \tag{5.18}$$

然而，在实际的大规模 MIMO 系统中，上述假设并不总是成立，且针对最大化总速率的最优解 α^* 很难以解析形式给出。为了联合优化正则化因子以对抗不完美的 CSI 反馈并加速收敛过程，采用了一种名为连续过松弛的迭代方法，并基于此提出了一种深度展开的波束赋形方法。定义 $\tilde{R} = \tilde{H}^{\text{DL}}(\tilde{H}^{\text{DL}})^{\text{H}} + \text{diag}(\boldsymbol{\alpha})C$ 为目标求逆矩阵（忽略子载波索引 k 以简化表示），显然 $\tilde{R} \in \mathbb{C}^{UN_{\text{UE}} \times UN_{\text{UE}}}$ 是一个对角占优矩阵。首先考虑高斯-塞德尔方法，这是 SOR 方法的一种特例。具体地，定义

$$\tilde{R} = D_R + L_R + U_R \tag{5.19}$$

式中，D_R、L_R 和 U_R 分别是 $\tilde{R}$ 的对角部分、严格下三角部分和严格上三角部分，如图 5.5 所示。因此，线性方程 $\tilde{R}x = b$ 的高斯-塞德尔迭代解可以表示为

$$b = (D_R + L_R) x^{(\ell+1)} + U_R x^{(\ell)} \tag{5.20}$$

式中，$x^{(\ell)}$ 表示上述线性方程在第 ℓ 次迭代中的解。迭代过程可以进一步写为

$$x^{(\ell+1)} = -(D_R + L_R)^{-1} U_R x^{(\ell)} + (D_R + L_R)^{-1} b \tag{5.21}$$

在每次迭代中，更新方向表示为 $x^{(\ell+1)} - x^{(\ell)}$，如果将此方向作为加权校正，迭代可以写为

$$\tilde{x}^{(\ell+1)} = x^{(\ell)} + \omega \left(x^{(\ell+1)} - x^{(\ell)} \right) \tag{5.22}$$

式中，ω 是收敛因子。鉴于更新过程，迭代更新分别可以表示为

$$x^{(\ell+1)} = (D_R + \omega L_R)^{-1} \left[(1 - \omega) D_R - \omega U_R \right] x^{(\ell)} + \omega (D_R + \omega L_R)^{-1} b \tag{5.23}$$

或

$$x_i^{(\ell+1)} = x_i^{(\ell)} + \frac{\omega}{r_{i,i}} \left(b_i - \sum_{j=1}^{i-1} r_{i,j} x_j^{(\ell+1)} - \sum_{j=i+1}^{U} r_{i,j} x_j^{(\ell)} \right) \quad (5.24)$$

式中，$r_{i,j}$ 表示矩阵 $\tilde{\boldsymbol{R}}$ 中第 i 行和第 j 列的元素。显然，SOR 方法适用于 N 个并行线性方程，如 $\boldsymbol{X}_R^\ell = [\boldsymbol{x}_1^\ell, \boldsymbol{x}_2^\ell, \ldots, \boldsymbol{x}_N^\ell]$ 和 $\boldsymbol{B}_R = [\boldsymbol{b}_1, \boldsymbol{b}_2, \ldots, \boldsymbol{b}_N]$。通过指定 $\boldsymbol{B}_R = \boldsymbol{I}$，上述 SOR 方法能够以迭代方式解决矩阵求逆问题。

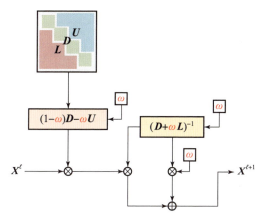

图 5.5 SOR 方法的单次迭代过程[117]

引入 SOR 方法可以有效加速收敛，但是最优的松弛因子 ω 和正则化因子 α 难以获得。受模型驱动深度展开方法[32,118] 的启发，提出了一种基于学习的波束赋形设计展开方法。如图 5.5 所示，展开模型将单次迭代过程视为神经网络的一层。通过将可训练参数集成到传统 SOR 方法的展开迭代中，模型可以自适应地从数据样本中学习和优化参数。

假设第 ℓ 次 SOR 迭代的传递函数为 $f_\ell(\cdot)$，则求逆操作近似为

$$\begin{aligned}
\left(\tilde{\boldsymbol{R}}^{(\ell)}\right)^{-1} &= f_\ell\left(\left(\tilde{\boldsymbol{R}}^{(\ell-1)}\right)^{-1}\right) \\
&= f_\ell\left(f_{\ell-1}\left(\cdots f_1\left(\left(\tilde{\boldsymbol{R}}^{(0)}\right)^{-1}\right)\right)\right)
\end{aligned} \quad (5.25)$$

式中，$(\tilde{\boldsymbol{R}}^{(\ell)})^{-1}, \ell > 0$ 表示第 ℓ 次迭代的输出。迭代的初始值选为 $(\tilde{\boldsymbol{R}}^{(0)})^{-1} = \mathrm{diag}(1/\mathrm{diag}(\tilde{\boldsymbol{R}}))$，其中，$\tilde{\boldsymbol{R}} = \tilde{\boldsymbol{H}}^{\mathrm{DL}}(\tilde{\boldsymbol{H}}^{\mathrm{DL}})^{\mathrm{H}} + \mathrm{diag}(\boldsymbol{\alpha})\boldsymbol{C}$，且 $\tilde{\boldsymbol{H}}^{\mathrm{DL}}$ 是来自反馈模型的重建信道矩阵。

5.4.2 全数字阵列波束赋形方案

对于全数字阵列配置，第 k 个子载波上的线性波束赋形矩阵可以获得为

$$\tilde{\boldsymbol{F}}\text{rzf}[k] = \beta \left(\tilde{\boldsymbol{H}}^{\text{DL}}[k]\right)^{\text{H}} \left(\tilde{\boldsymbol{R}}^{(L_{\max})}[k]\right)^{-1} \tag{5.26}$$

式中，$L_{\max}$ 表示最大迭代次数；$(\tilde{\boldsymbol{R}}^{(L_{\max})}[k])^{-1}$ 表示根据式 (5.24) 在 $L_{\max}$ 次迭代后基于 SOR 的输出。为了确保基于 RZF 方法的干扰减轻，功率归一化因子 β 给出为

$$\beta = \frac{1}{\left\|\tilde{\boldsymbol{F}}_{\text{rzf}}[k]\right\|_F} \tag{5.27}$$

为了优化集成参数如 $\boldsymbol{\alpha}$、$\boldsymbol{C}$ 和 ω 以提高 SE 性能，模型驱动波束赋形模块的损失函数给出为

$$R(\omega, \boldsymbol{\alpha}, \boldsymbol{C}) = \frac{\tau}{\tau + \tau_p} \sum_{k=1}^{K} \sum_{u=1}^{U} \log_2\left(1 + \gamma_{u,k}\right) \tag{5.28}$$

式中，τ 是有效传输时长；τ_p 是导频训练时长（即 τ_p^{UL} 和 τ_p^{DL}）；$\gamma_{u,k}$ 是信号到噪声加干扰比（SINR）。具体而言，SINR 给出为

$$\gamma_{u,k} = \frac{\left|\boldsymbol{w}_u^{\text{H}}[k]\boldsymbol{H}_u^{\text{DL}}[k]\boldsymbol{f}_u[k]\right|^2}{\sigma_n^2 + \left|\boldsymbol{w}_u^{\text{H}}[k]\sum_{\substack{i=1\\i\neq u}}^{U}\boldsymbol{H}_u^{\text{DL}}[k]\boldsymbol{f}_i[k]\right|^2} \tag{5.29}$$

式 (5.28) 可以进一步重写为通过梯度方法优化的损失函数，这得到了主流学习框架的支持，如

$$J(\omega, \boldsymbol{\alpha}, \boldsymbol{C}) = -\hat{R}(\omega, \boldsymbol{\alpha}, \boldsymbol{C}) \tag{5.30}$$

式中，在 $\hat{R}(\omega, \boldsymbol{\alpha})$ 中，使用重建信道 $\hat{H}_{u,n}^{\text{DL}}[k]$ 来计算总速率。整个波束赋形过程总结在算法 5.1 中。

5.4.3 扩展至混合模拟-数字架构

混合波束赋形/合成架构是实现大规模 MIMO 部署的低成本有效替代方案，而这类波束赋形器的最优设计仍需进一步研究。大多数现有工作将混合波束赋形构建为矩阵分解问题[109]，并假设完全知道 CSI 以进行最优的奇异值分解或块对角化波束赋形设计。

在本节中，由于混合波束赋形固有的复杂约束、基站测 CSI 非完美已知，以及对低复杂度的要求，混合波束赋形器以两步方式设计，整体流程如算法 5.1 所

算法 5.1: 提出的全数字波束赋形设计 [117]

Require: 基站处获得的下行链路 CSI 矩阵 $\tilde{\boldsymbol{H}}^{\mathrm{DL}}[k]$。初始值 $\omega = 1$ 和 $\boldsymbol{\alpha} = 0$。最大迭代次数 $L_{\max}$。
Ensure: 波束赋形矩阵 $\tilde{\boldsymbol{F}}_{\mathrm{rzf}}$。
1: $\forall k, u$: 将迭代指标 ℓ 设置为 1。初始化 ω 和 $\boldsymbol{\alpha}$。
2: **for** $k = 1$ to K **do**
3:    计算 $\tilde{\boldsymbol{R}}^{(0)}[k] = \tilde{\boldsymbol{H}}^{\mathrm{DL}}[k](\tilde{\boldsymbol{H}}^{\mathrm{DL}}[k])^{\mathrm{H}} + \mathrm{diag}(\boldsymbol{\alpha})\boldsymbol{C}$
4:    根据式 (5.24) 计算 SOR 迭代 $L_{\max}$ 次。
5:    根据式 (5.26) 和式 (5.27) 计算波束赋形矩阵。
6: **end for**
7: 根据式 (5.30)，使用式 (5.29) 中的 SINR 计算损失函数。
8: 进行反向传播，对参数（$\omega, \boldsymbol{\alpha}, \boldsymbol{C}$）进行优化，直至收敛。

示。首先，使用等增益传输设计具有单位模约束的模拟波束赋形部分以收获阵列增益 [119]，如

$$(\boldsymbol{F}_{\mathrm{RF}})_{\{i,j\}} = \frac{\left(\sum_{k=1}^{K} \tilde{\boldsymbol{H}}^{\mathrm{DL}}[k]\right)^{\mathrm{H}}_{\{j,i\}}}{\varepsilon + \left|\left(\sum_{k=1}^{K} \tilde{\boldsymbol{H}}^{\mathrm{DL}}[k]\right)^{\mathrm{H}}_{\{j,i\}}\right|} \tag{5.31}$$

式中，ε 是一个非常小的常数，用来避免分母为零，数字部分在基站使用 RZF 方法设计，如

$$\boldsymbol{F}_{\mathrm{BB}} = (\beta)' \left(\tilde{\boldsymbol{R}}^{(L_{\max})}[k]\right)^{-1} (\boldsymbol{H}_{\mathrm{eq}}[k])^{\mathrm{H}} \tag{5.32}$$

式中，$\boldsymbol{H}_{\mathrm{eq}}[k] = \tilde{\boldsymbol{H}}^{\mathrm{DL}}[k]\boldsymbol{F}_{\mathrm{RF}} \in \mathbb{C}^{U \times U}$，表示等效基带信道矩阵；$(\beta)' = 1/\|\boldsymbol{F}_{\mathrm{RF}}^{\mathrm{cen}}\boldsymbol{F}_{\mathrm{BB}}\|_F$，是归一化因子。整个波束赋形过程总结在算法 5.2 中。

算法 5.2: 提出的混合模拟-数字波束赋形 [117]

Require: 在基站获得的 CSI 矩阵 $\tilde{\boldsymbol{H}}^{\mathrm{DL}}[k]$。初始值 $\omega = 1$ 和 $\boldsymbol{\alpha} = 0$。最大迭代次数 $L_{\max}$。
Ensure: 波束赋形矩阵 $\boldsymbol{F}_{\mathrm{RF}}$ 和 $\boldsymbol{F}_{\mathrm{BB}}[k]$，$\forall 1 \leqslant n \leqslant N, : 1 \leqslant k \leqslant K$。
1: $\forall k, u$: 将迭代指标 i 设置为 1。初始化 $\omega = \omega_0$ 和 $\boldsymbol{\alpha} = \boldsymbol{\alpha}_0$。
2: 根据式 (5.31) 计算模拟波束赋形器 $\boldsymbol{F}_{\mathrm{RF}}$。
3: **for** $k = 1$ to K **do**
4:    计算等效基带信道 $\boldsymbol{H}_{\mathrm{eq}}[k] = \tilde{\boldsymbol{H}}^{\mathrm{DL}}[k]\boldsymbol{F}_{\mathrm{RF}}^{\mathrm{cen}}$
5:    根据式 (5.32) 计算数字波束赋形器。
6: **end for**
7: 根据式 (5.30)，使用式 (5.29) 中的 SINR 计算损失函数。
8: 进行反向传播，对参数（$\omega, \boldsymbol{\alpha}, \boldsymbol{C}$）进行优化，直至收敛。

5.5 数值结果

5.5.1 仿真设置

从基站到第 u 个用户设备（UE）的时延域信道矩阵可以表示为

$$\boldsymbol{G}_u^{\mathrm{DL}}(t) = \frac{1}{\sqrt{L_p L_c}} \sum_{\ell=1}^{L_c} \sum_{p=1}^{L_p} \alpha_{\ell,p}^{\mathrm{DL}} \beta_{\ell,p} p(tT_s - \tau_{\ell,p}) \boldsymbol{a}_{\mathrm{R}}(\phi,\psi) \boldsymbol{a}_{\mathrm{T}}^{\mathrm{H}}(\phi'_u,\psi'_u) \tag{5.33}$$

式中，L_c 和 L_p 分别表示散射簇的数量和每个簇中的多径分量（MPCs）的数量[①]；ϕ（ϕ'_u）和 ψ（ψ'_u）分别是基站（UE）的方位角和仰角；$p(\cdot)$ 是脉冲整形函数；T_s 表示采样周期；$\tau_{\ell,p}$ 是来自第 ℓ 个簇的第 p 条路径的离散延迟；$\alpha_{\ell,p}^{\mathrm{DL}} \sim \mathcal{CN}(0,1)$ 和 $\beta_{\ell,p} = 10^{-\mathrm{PL}\ell,p/10}$ 分别是相应的瑞利衰落因子和大尺度衰落因子[120]。因此，第 k 个子载波上的频域信道可以表示为

$$\boldsymbol{H}_u^{\mathrm{DL}}[k] = \sum_{q=0}^{K-1} \boldsymbol{G}_u^{\mathrm{DL}}[q] \mathrm{e}^{-\mathrm{j}\frac{2\pi k}{K}q} \tag{5.34}$$

式中，$\boldsymbol{G}_u^{\mathrm{DL}}[q] = \boldsymbol{G}_u^{\mathrm{DL}}(qT_s)$ 是离散的时延域信道冲激响应；K 是子载波的数量。

在不失一般性的前提下，考虑一个下行大规模 MIMO 场景，其中，基站配备了 $N_{\mathrm{BS}} = 64$ 天线，协作服务 $U = 16$ 个 UE，每个 UE 有 $N_{\mathrm{UE}} = 2$ 天线（除非另有说明）。UE 随机分布在一个 1 000 m × 1 000 m 的区域内。从基站传输的信号的大尺度衰落因子遵循 3GPP 技术报告[120]（室外 UMi 场景），为 $\mathrm{PL}_{\mathrm{LoS}} = 32.4 + 40\log_{10}d + 20\log_{10}f_c$ 和 $\mathrm{PL}_{\mathrm{NLoS}} = \max(\mathrm{PL}_{\mathrm{LoS}}, 22.4 + 35.3\log_{10}d + 21.3\log_{10}f_c)$。宽带信号在 OFDM 调制后传输，考虑了 $K = 192$ 个子载波，每个间隔 60 kHz。载波频率设置为 $f_c = 28$ GHz，因此噪声水平可以计算为 $\sigma_n^2 = -100.89$ dBm，噪声系数 NF = 3 dB。

5.5.2 基于数据驱动的波束赋形方案

在本节中，将介绍用于仿真和训练网络的数据。这里，考虑 Saleh-Valenzuela 信道模型，其中考虑了 $N_c = 8$ 个散射簇，包括 1 个 LoS 和 7 个 NLoS 簇。LoS 和 NLoS 路径之间的功率比为 23 dB，每个散射簇包含 $N_p = 10$ 条路径。基站配备了 64 根天线，使用 8×8 均匀平面天线阵列。信道中每条路径的复增益用 $h_{i,l}$ 表示，遵循复高斯分布。每条路径的方位角 $\phi_{i,l}$ 和仰角 $\theta_{i,l}$ 分别在 $[0,2\pi]$ 和 $[0,\pi]$ 范围内均匀分布。此外，用户侧接收的信号受到加性复高斯白噪声的影响。

[①] 在不失一般性的前提下，假设所有 UE 和基站都有相同的参数配置 L_c 和 L_p，这可以根据需要在仿真或实践中调整。

接收器配备了 16 根天线，使用 4×4 均匀平面天线阵列。基站传输 $N_s = 4$ 个数据流，射频链路数量为 8。接收器也有 8 个射频链路。

本章利用开源深度学习库 PyTorch 构建了基于深度学习的毫米波 MIMO 混合波束赋形中涉及的神经网络。数据集被分为训练集和测试集。总共生成了 50 000 个数据流，其中 40 000 个流用于训练集，剩余的 10 000 个流用于测试集。训练集的批量大小设置为 50，每个时代包含 800 个批次。学习率设置为 1×10^{-3}，动量参数设置为 0.5。

研究了全连接层中不同神经元数量对基于深度学习的毫米波 MIMO 混合波束赋形的影响。具体而言，考虑了三种网络模型，用于混合波束赋形中的数字波束赋形器/合成部分。

模型 1 具有由两个全连接层组成的数字波束赋形器：$D_{1,1} = 256$ 和 $D_{1,2} = 128$，以及由两个全连接层组成的数字合成器：$D_{2,1} = 256$ 和 $D_{2,2} = 64$。

模型 2 具有由三个全连接层组成的数字波束赋形器：$D_{1,1} = 256$，$D_{1,2} = 128$ 和 $D_{1,3} = 64$，以及由三个全连接层组成的数字合成器：$D_{2,1} = 256$，$D_{2,2} = 128$ 和 $D_{2,3} = 64$。

模型 3 具有由四个全连接层组成的数字波束赋形器：$D_{1,1} = 512$，$D_{1,2} = 256$，$D_{1,3} = 128$ 和 $D_{1,4} = 64$，以及由四个全连接层组成的数字合成器：$D_{2,1} = 512$，$D_{2,2} = 256$，$D_{2,3} = 128$ 和 $D_{2,4} = 64$。

考虑了两种场景：$N_c = 8$，包括 1 个 LoS 路径和 7 个 NLoS 路径，以及 $N_c = 100$，包括 1 个 LoS 路径和 99 个 NLoS 路径。仿真结果如图 5.6 所示。

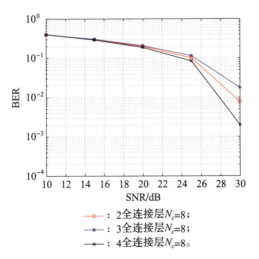

图 5.6 三种模型在不同 SNR 下的误码率性能 [117]（$N_c = 8$）

从图 5.6 中可以观察到，在散射簇包括 1 个 LoS 路径和 7 个 NLoS 路径的情况下，由 4 个全连接层组成的基带数字波束赋形器表现出最佳性能，其次是由 2 个全连接层组成的基带数字波束赋形器。由 3 个全连接层组成的基带数字波束赋形器表现出最差性能。

从图 5.7 中可以观察到，在散射簇包括 1 个 LoS 路径和 99 个 NLoS 路径的情况下，由 2 个全连接层组成的基带数字波束赋形器表现出最佳性能，其次是由 3 个全连接层组成的基带数字波束赋形器。由 4 个全连接层组成的基带数字波束赋形器表现出最差性能。这可能是过拟合造成的。此外，还可以注意到，随着 N_c 的显著增加，基于深度学习方法的性能改进变得明显。

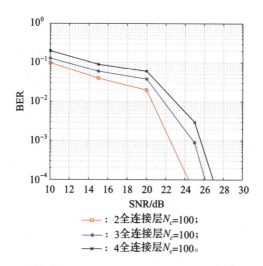

图 5.7　三种模型在不同 SNR 下的误码率性能 [117]（$N_c = 100$）

5.5.3　基于模型驱动的波束赋形方案

对于基于学习的方案，生成了 5 000 个环境样本，这些样本以及 $U = 16$ 个 UE 构成了包含 80 000 个独立 CSI 样本的训练集。90% 的样本用于构成训练集，而剩余部分构成验证集。训练过程持续 100 个时代，批大小为 512。对于最初的 1 000 次迭代步骤，采用一个热身策略 [121]，将学习率从 $\text{lr}_{\min} = 3 \times 10^{-7}$ 线性提升到 $\text{lr}_{\max} = 3 \times 10^{-4}$。在接下来的训练步骤中，还采用余弦退火策略 [121]，将学习率平滑降至 0。

在本节中，将比较提出的线性波束赋形方法与使用反馈语义重建 CSI 的传统方案的性能。首先评估使用完美 CSI 的 SE 性能，然后提供带有集成可学习参数的不完美 CSI 下的性能。

对于具有完美 CSI 和非可训练参数 $\omega = 1$ 的全数字阵列基站，波束赋形性能在图 5.8 中给出，其中设置了固定的发射功率 $P_{\text{BS}} = 20$ dBm，以及对所有 UE 相同的噪声水平 $\sigma_n^2 = -100.89$ dBm。迭代波束赋形方案也通过 $L_{\max} = 10$ 次迭代进行评估，除非另有说明。波束赋形方案的性能非常接近矩阵求逆方法，这表明 10 次迭代对于波束赋形问题是足够的。然而，迭代方法的收敛性能不尽如人意。图 5.9 展示了变化发射功率下的性能，当 P_{BS} 增加时，提出的迭代方案性能得到改善，但当 P_{BS} 较高时，与矩阵求逆方法相比，仍然达到较低的性能。

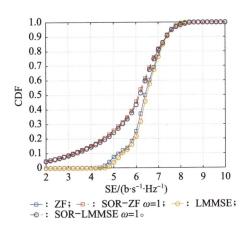

图 5.8　具有完美下行链路 CSI 的每个 UE 的平均 SE 性能[117]
(基于 SOR 的方法迭代 $L_{\max} = 10$ 次，$\omega = 1$)

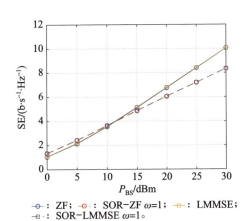

图 5.9　具有完美下行链路 CSI 和变化的发射功率 P_{BS} 的
每个 UE 的平均 SE 性能[117]

这种现象的原因是当 P_{BS} 较低时，噪声水平是影响性能的主要因素，而随着发射功率 P_{BS} 的增加，无法局部消除的干扰成为影响性能的主要因素。

进一步研究了带有不完美 CSI 的全数字波束赋形的 SE 性能，如图 5.10 所示。基站测的 CSI 通过用户端的 CSI 反馈获得，其重建准确性通过余弦相似度评估，给定 $B=64$ 位开销时大约为 0.95。我们还在性能比较中设置了一个基线，其中 CSI 使用具有类似开销的传统方法重建。如图 5.10 所示，不完美的 CSI 会带来性能下降，因为由于 CSI 不完美，干扰无法完全消除。还值得注意的是，一些基于迭代的方案的性能损失相对较低，这反映了它们对不完美 CSI 的鲁棒性。

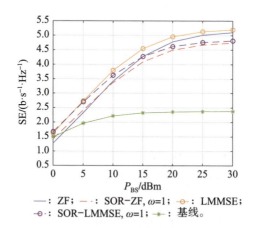

图 5.10　具有不完美下行链路 CSI 和提出的数字波束赋形方案在不完美下行链路 CSI 和变化的发射功率 P_{BS} 下，每个 UE 的平均 SE 性能[117]

对于具有混合模拟-数字阵列的基站，LMMSE 和 RZF 方法在图 5.11 中进行了比较，其中，RZF 基于方法的最优 α 通过式 (5.17) 计算。随着功率 P_{BS} 的增加，反馈精度的提高使提出的方案能够减轻干扰，从而提高性能。然而，RZF 基于方法的"最优" α 在此处对提高 SE 性能的影响不明显。

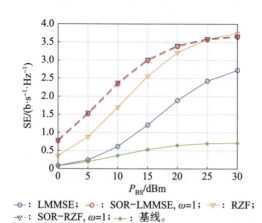

图 5.11　提出的混合波束赋形方案在不完美下行链路 CSI 和变化的发射功率 P_{BS} 下，每个 UE 的平均 SE 性能[117]

如图 5.11 所示，根据式 (5.17)计算的最优正则化参数 α 不适用于提出的场景。因此，研究了提出的深度展开方法的性能，该方法通过训练选择最优参数。性能比较在图 5.12 中展示，其中，"解析的"的正则化因子根据式 (5.17)选择，而"学习到的"正则化因子由提出的方法在算法 5.1中优化。提出的基于学习的正则化因子优化方案特别是在低 P_{BS} 情况下显示出显著的性能增益，并且随着 P_{BS} 的增长而保持性能优势。

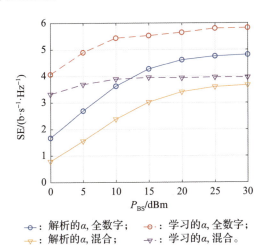

图 5.12 提出的深度展开波束赋形方案在不完美下行链路 CSI 和变化的发射功率 P_{BS} 下，每个 UE 的平均 SE 性能 [117]

除了正则化因子 α 和 C 外，还展示了优化收敛因子 ω 的效果。图 5.13 以数字阵列架构为例，比较了手动选择 $\omega=1$ 附近因子的收敛性能。学习到的因子 ω 在仅 3 次迭代计算后显示出约 96% 的 SE 性能，并且值得一提的是，提出的方法在足够迭代后与经验选择的参数相比，实现了更高的 SE 性能。

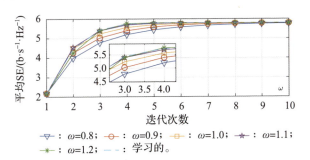

图 5.13 提出的深度展开波束赋形方案在不完美下行链路 CSI 和变化的发射功率 P_{BS} 下，每个 UE 的收敛性能 [117]

5.6 小结

本章介绍了基于深度学习的毫米波 MIMO 混合波束赋形方案的系统模型。基带数字混合波束赋形器/合成模块使用 2~4 个全连接层构建，而模拟波束赋形器/合成模块由具有类似部分连接结构的稀疏自编码器组成。最后，执行仿真以比较不同数量的全连接层对基于深度学习的毫米波 MIMO 混合波束赋形方案中误比特率的影响。此外，还研究了基于 SOR 的模型驱动波束赋形策略，获得了更低的计算复杂度。

第 6 章
基于人工智能技术的可重构智能表面信道估计

随着人类对通信技术的需求呈指数增长[122]，基于窄带的通信系统已经难以继续满足日常使用的需要。宽带系统的日渐普及，用户数量的不断增加，对无线系统提出了更高的要求。宽带多天线系统有着更高的频谱效率以及能量效率，已经逐渐成为新的发展趋势，并在 5G 中逐步落实实现。多天线系统最早应用于雷达等领域，由于其对分辨率等性能的高度需求，多天线系统的应用可以有效提高雷达系统的性能表现，而多天线系统的高成本等因素使其并没有在通信系统中得到应用。多天线系统最早于 20 世纪 90 年代由贝尔实验室引入通信，迄今为止已经成为许多通信系统中的核心技术基础，并被写入多个通信标准中。

随着人们对通信可靠性与有效性的需求增加，MIMO 的概念被引入通信系统。小规模 MIMO 系统传输时，通过每一个天线发射一路独立信号，可以在不额外增加带宽和发射功率的条件下成倍提升系统的传输速率。因多路传输叠加而产生的多流干扰问题，则可以通过在接收机设计干扰消除算法解决，例如空间复用机制 V-BLAST[123] 等。除此之外，多天线系统还可以发射非独立（即冗余的）数据流来实现系统可靠性的提升，最常见的应用即为空时编码，通过将信号在空间与时间的二维域上进行编码，可以为系统误码率提供分集增益。

当 MIMO 的多天线的规模进一步增加时，通信系统就有了可观的空间分辨率，此时可以通过不同天线的发射功率分配以及相位设计，实现天线阵列的方向图设计。该技术又被称为是波束赋形[124] 技术，通过设计特定方向的波束，该技术可以提高期望用户的接收信噪比，其信噪比增益则被称为是阵列增益。在 4G 以及之前的通信系统中，多天线的数量往往不超过 8 根，此时带来的性能提升往往十分有限。而随着通信频率的提高，在相同体积的空间中可以设计更多数量的天线阵元来实现性能的提升，这使部署上百根甚至更多天线成为可能。Marzetta 等人于 2010 年提出大规模 MIMO[125]，其主要原理即在 BS 部署超大天线阵列，在同一时频资源块内服务多位用户。文献 [125] 的研究表明，在天线数量足够大时，用户之间的信道存在渐近正交性，从而令多用户之间的干扰迫零。大规模天线阵列也会显著提高阵列增益，在发射总功率不改变的条件下，能够一定程度地缓解路径损耗的问题；另外，随着频率提高，高频信号的散射特性发生了改变，而在大量天线的高分辨率下，信道的性质也随之改变，信道硬化效应[126]使信道在空间上呈现更明显的稀疏性，这些都为信道估计、波束赋形等问题带来了新的机遇与挑战。

通信系统的传输速率直接取决于系统带宽，在海量的数据需求下，通信的带宽也在逐渐增加。宽带系统相比窄带系统将更容易受到频率选择性衰落的影响，为了精确获取信道信息，往往需要更多的信道探测开销。采用 OFDM 技术，将多天线系统与之结合，可以有效降低信道均衡的复杂度，并且可以发挥 OFDM 与 MIMO 技术各自的优势。然而随着通信频率的提升，衍射效应带来的影响逐渐增加。短波长信号将难以穿透建筑物等阻碍，造成小区内通信覆盖水平急剧下降。人们在改变通信系统的过程中已经难以解决覆盖问题，最终将通过改变环境的方式提升通信质量。

改变环境的最初愿景是反射墙面[127,128]，提出反射墙面的研究者 L. Subrt 等希望通过将环境按照人类的意愿改变的方式来提高通信速率与覆盖面积，例如设置特殊的反射图样，从而实现由人类定义环境反射。随着相关问题的深入探讨，研究者逐渐将问题建模、物理实现等问题进一步推进，最终得到了大规模智能表面[16,129,130]的方案。在目前的方案中，大规模智能表面是一种可以与环境实现交互的设备，且将被部署在基站的直射径[16]上，以便其进行反射，服务盲区的用户。由于基站部署的成本较高，且消耗的功率较大，因利用大规模部署基站的方式进行覆盖率提升的方案并不合适，这也对大规模智能表面的硬件约束提出了挑战——城市中的大规模智能表面需要较低的能量消耗，以及较低的硬件复杂度，从而压缩成本，方便维护。然而，为了对抗毫米波频段信号较高的路径损耗，智能表面需要部署大量的天线来增加接收孔径，这将为硬件复杂度带来挑战。

传统的 MIMO 系统中，收发机天线阵列通过全连接的方式连接到移相器上，每一个移相器后端将连接一条射频链路对射频信号做数字降采样，最终在基带接收到与天线维度相同的基带信号。在大规模智能表面问题中，全数字结构将带来巨大的计算复杂度，这是基带信号处理与波束赋形设计等问题的难点所在。在传统的 MIMO 系统中，为了解决这个问题，研究者提出了 MIMO 的混合收发结构[13]的设计。区别于传统的全数字结构，混合结构中可以采用更少的流与射频链路的数量，不同的流通过混合连接的方式与射频链路连接，而少量的射频链路通过移相器的方式与天线连接。

该结构中，天线的数量可以大于射频链路数量，而射频链路的数量则可以多于数据流的数量，如此连接可以在降低射频链路与数据流的条件下仍然实现较高的波束分辨率，从而大大降低系统的能量开销与计算力需求。在此背景下，A. Alkhateeb 等人提出了基于少量活跃阵元的建模方法 [40]，为后续的智能表面的相关研究提供了新的方向。

6.1 引言

大型智能表面的设计目的是按照人类意愿进行通信环境的改造 [131]，通过电磁波与环境的交互实现更优的覆盖比例和吞吐速率，这就对智能表面的波束赋形提出了要求。大型表面接收到入射信号后，不经过射频链路与基带处理，而将信号附加指定的相位，从而实现精确的定向反射。实现这样的功能将面对以下问题。

智能表面的物理结构设计与实现。从智能反射墙面的提出开始，关于如何设计智能表面结构的问题就有广泛讨论。智能墙面的物理设计方案是采用本征二极管作为开关，通过不同开关的开通/截断模式来实现不同的反射模式 [127]，而墙面本身则是依赖某种频率选择性的材料实现电磁特性的实时改变。此后相同的研究者采用了人工神经网络的方案进行了最优开关模式配置 [128]。随后有研究者提出用空间微波调制器的方法，并证明可以采用二元相态可调谐超表面的方法实现 [132]。随着研究的推进，大型智能表面的结构设计开始采用多状态移相器，或者软件可控制的结构 [133]，这使数学建模更为便捷，也提高了智能表面的性能上限，但是优化问题将变得更为复杂。

智能表面的波束赋形算法设计。在智能表面的建模简化后，相关的优化问题建模更为清晰，研究者先后提出了许多设计方案。C. Huang 等人提出一种智能表面参与的下行多用户预编码方案 [134]，在假设有限精度反射的条件下最大化和速率及能量效率。此外，考虑到反射表面的无源特性，基于多入单出多用户系统的联合波束赋形设计方案在文献 [16] 中被提出。在不同的约束与优化目标方案中，研究者做了大量的研究，在最优解的计算之外，还求解了各类闭式次优解的表达式。然而智能表面的阵元数量较多，这将导致优化问题需要求解的参数较多，从而导致优化问题中往往假设较少的天线数量。B. Zheng 和 R. Zhang 假设基站与用户均为单天线，并且假设为单载波传输系统 [22]，虽然计算了最优解与次优解的闭式解，但是这些假设会对系统的性能产生较大影响。能够兼顾大规模天线、复杂传输系统、多用户以及无源阵列等现实条件的最优反射矩阵设计，仍是一个值得探讨的话题。

然而反射矩阵的设计，往往需要已知信道状态信息才能实现。大量的研究往往都基于完美已知的信道信息，然而，在实际应用中，接收端与发送端往往都未知信道信息。为了解决现存的关键问题，首先需要对信道信息做出准确估计，这也是大规模多天线宽带系统可以实现更优性能的关键。目前的信道估计方法主要为基于导频的信道估计[135]和盲信道估计[136]，以及二者相结合的半盲信道估计[137]。基于导频的信道估计是最为常见的，发射机在发送信息时（或发送信息之前），发射接收机已知的导频序列，接收机再根据已知的导频与接收到的导频进行信道状态信息的计算估计。当发射机不发射导频时，接收机只根据接收信号的统计特性进行信道估计，这种方法就是盲信道估计。基于导频的信道估计流程简单，且在接收机设计上会降低难度，目前的通信系统中往往也更多采用基于导频的估计方法，例如 LS 方法、MMSE 方法[138]以及最大似然方法[139]等。相比之下，盲信道估计方法需要较为复杂的迭代计算，迭代收敛较慢，并且存在鲁棒性问题，目前采用得相对较少。需要注意的是，这些估计方法此处对信道的特性并不做假设，这也导致估计过程由于宽假设而存在较大的导频开销问题。在多天线宽带系统中，这样的开销将随着复用率的提升而大幅增加，为现代通信系统的信道估计带来极大的挑战。

本章中，将利用压缩感知的方法，通过空间域的少量采样数据，重建超大规模表面的全维信道，并通过深度学习盲处理的方法，进一步提升信道的性能，使其达到能够在通信系统中应用的精度。

6.2 系统模型

本章中，介绍了大型智能表面采用的物理与数学建模，并在该建模方式的基础上描述了信道建模的方案，设计了对应的导频传输方案以供信道估计。

6.2.1 智能表面物理建模

随着通信频率的不断提高，波长随之降低，电磁波的衍射效应减弱。因此，毫米波段的电磁波的穿透性能较差，在实际应用中容易被障碍物阻挡而大幅削弱，从而在应用中产生通信覆盖的"盲区"[140]，如图 6.1 所示。实际应用中，为提高小区中的覆盖率而更多地布置基站需要较高的安装成本以及维护开销，且额外消耗能量较多，这都将导致额外部署基站成为一个不实际的解决方法。考虑低能量消耗、低成本等因素的影响，大型智能表面将是一个较为合理的解决方案。

当基站与用户之间的直接通信链路被建筑物阻塞时，由于毫米波的散射特性，此障碍物将导致该用户无法被基站服务。此时在基站的 LoS 径上部署一个无

第 6 章 基于人工智能技术的可重构智能表面信道估计

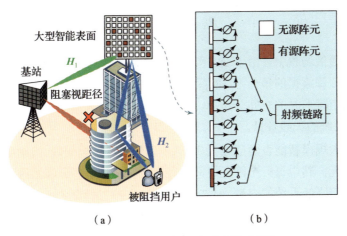

图 6.1 RIS 辅助的通信系统模型[43]

源的大型智能表面，则可以为基站构造一条虚拟的 LoS 径，实现被阻塞用户的服务。其中，大型可重构智能表面采用无源阵列构成，每一个阵元由可电控制的超材料构成，对入射信号可以附加特定的增益与相位后反射[131]。具体而言，每一个阵元 i ($1 \leqslant i \leqslant N_{\mathrm{RIS}}^{\mathrm{ant}}$) 对信号的处理可以描述为

$$s_i(t) = \beta_i \mathrm{e}^{\mathrm{j}\phi_i} x_i(t) \tag{6.1}$$

式中，$x_i(t)$ 为阵元的入射信号；$s_i(t)$ 为阵元的出射信号；$\beta \in [0,1]$ 是阵元的增益因子；ϕ_i 是阵元附加的相位。经过增益与相位附加后的出射信号，在空间中将由于电磁波的干涉效应等因素产生相干叠加，从而实现波束赋形的效果，进而将波束对准指定用户实现服务。电磁波在自由空间的路径损耗遵从弗里斯（Friis）式，即接收功率满足

$$P_R = \frac{P_T G_T G_R \lambda^2}{(4\pi R)^2} \tag{6.2}$$

式中，P_T 为发射功率；G_T 和 G_R 分别代表发射与接收天线方向增益；λ 是电磁波的波长；R 是发射机与接收机之间的距离。该对应关系可以简化为

$$P_R = k \frac{1}{R^2} \tag{6.3}$$

式中，$k = P_T G_T G_R \lambda^2/(4\pi)^2$ 是常量。然而在考虑智能表面时，入射信号经过反射面后要重新计算路径损耗，即路径损耗需要计算两次。假设基站与智能表面之间的距离是 R_1，智能表面与用户之间的距离为 R_2，则此时接收功率将表示为[141]

$$P_R = k\frac{1}{(R_1 R_2)^2} \tag{6.4}$$

在实际通信场景中，由于 R_1 和 R_2 均远大于 2，因此 $R_1 R_2 \gg R_1 + R_2$，这将导致两次计算路损的条件下，实际接收到的信号幅度很小。为了保证传输能量，以及辅助波束赋形时的空间分辨率，智能表面将部署大量的天线，甚至远超大规模 MIMO 系统的天线数量。

本书将大规模智能表面建模为 UPA，以便后续建模处理。UPA 的建模为矩形排列的阵元，其中每一个阵元之间的距离为 d。对于多天线系统而言，天线之间的相关性将降低系统的容量。不难证明均匀阵列之间的空间相关性为 0 阶贝塞尔函数的形式，因此选择阵列 $d = \lambda/2$ 可以降低空间相关性。

大规模的阵元数量对智能表面的数据处理能力有了极高的要求，同时，观测大规模阵元的接收信号需要大量高频 DAC/ADC，这在部署大规模智能表面时并不现实。高速 DAC 的功耗与成本较高，且需要较强的基带处理性能支持，因此需要降低基带处理的复杂度，从而实现信道感知。由于毫米波的散射特性，在大规模天线支持下，毫米波信道将呈现稀疏性，这将允许应用压缩感知的理论，采用更少的观测重构信道。因此可以部署少量的有源阵元[40]用于信道感知，并部署更少的射频链路进行基带信号的观测，少量的观测也将允许在有限的信号处理性能下估计信道。

如图 6.1 所示，少量的活跃阵元（即连接到天线选择网络上的阵元）将随机分布在整个 RIS 上。在导频训练阶段，活跃阵元将按照指定顺序依次激活，而未处于激活状态的活跃阵元将处于无源反射状态。所有的无源阵元仅能工作在移相反射状态下，与入射电磁波进行交互，而不具备信号处理的能力。通过少量的活跃阵元，RIS 将可以实现对信道的采样与重建，从而使 RIS 具备一定的环境感知能力，有利于进行对应的波束赋形等进一步处理。除此之外，此类建模方式可以将 RIS 辅助的通信系统转化为经典的 MIMO 系统建模，从而方便后续的算法处理。

在以上物理建模的条件下，容易给出基于 RIS 的 OFDM 系统中的上行接收信号可以表示为

$$r_k = (W_{\text{RF}} W_{\text{BB},k})^{\text{H}} (H_{1,k} \Theta H_{2,k} F_{\text{RF}} F_{\text{BB},k} x_k + w_k) \tag{6.5}$$

式中，$W_{\text{RF}} \in \mathbb{C}^{N_{\text{BS}}^{\text{ant}} \times N_{\text{BS}}^{\text{RF}}}$ 和 $W_{\text{BB},k} \in \mathbb{C}^{N_{\text{BS}}^{\text{RF}} \times N_{\text{UE}}^{\text{S}}}$ 分别是基站的模拟合路器和数字合路器；$F_{\text{RF}} \in \mathbb{C}^{N_{\text{UE}}^{\text{ant}} \times N_{\text{UE}}^{\text{RF}}}$ 和 $F_{\text{BB},k} \in \mathbb{C}^{N_{\text{UE}}^{\text{RF}} \times N_{\text{UE}}^{\text{S}}}$ 分别是用户端的模拟预编码器（precoder）和数字预编码器；$H_{1,k}$ 和 $H_{2,k}$ 分别对应用户的基站与智能表面

之间的信道，以及用户与智能表面之间的信道；$\boldsymbol{x}_k$ 为发射的基带信号矢量；$\boldsymbol{w}_k$ 为观测噪声矢量；$\boldsymbol{\Theta}$ 为对角化的反射矩阵。反射矩阵的形式为

$$\boldsymbol{\Theta} = \begin{bmatrix} \beta_1 e^{j\phi_1} & 0 & \cdots & 0 \\ 0 & \beta_2 e^{j\phi_2} & \cdots & 0 \\ \vdots & \vdots & \ddots & \vdots \\ 0 & 0 & \cdots & \beta_{N_{\text{RIS}}^{\text{ant}}} e^{j\phi_{N_{\text{RIS}}^{\text{ant}}}} \end{bmatrix} \quad (6.6)$$

其对角元素对应了每一个阵元的幅度与相位控制因子。一般地，幅度控制部分的设计较为困难，在实际中往往假设 RIS 的无源阵元采用移相器实现，因此，在建模时，往往会忽略振幅因子 β_i（即令 $\beta_i = 1, \forall i$），而认为该矩阵就是由恒模移相器实现，关于此矩阵的设计，本书的内容中并不涉及。

6.2.2 信道建模

由于通信的阻塞往往发生在毫米波频段，因此信道建模将考虑毫米波的情况。在第一节中提到，由于毫米波的特殊衍射特性，部分多径因为阻塞而消失，只有几条较强的反射径或直射径可以服务用户，因此，用户与智能表面之间的信道应具有稀疏多径的形式。当稀疏多径以一定的方位角 ϕ_ℓ 与俯仰角 ψ_ℓ 入射，并以方位角 ϕ'_ℓ 与俯仰角 ψ'_ℓ 发射时，信道的冲激响应可以建模为[40]

$$\boldsymbol{C}_d = \sqrt{\frac{N_{\text{UE}}^{\text{ant}} N_{\text{LIS}}^{\text{ant}}}{L}} \sum_{\ell=1}^{L} \alpha_\ell p(dT_S - \tau_\ell) \boldsymbol{a}_R(\phi_\ell, \psi_\ell) \boldsymbol{a}_T^*(\phi'_\ell, \psi'_\ell) \quad (6.7)$$

式中，L、T_s 和 $p(\tau)$ 分别代表稀疏多径数量、离散的采样间隔及整形滤波器；α_ℓ 代表 ℓ 路径上的增益系数；τ_ℓ 代表多径 ℓ 的离散路径延迟。需要知道，路径增益 α_ℓ 与许多因素相关，例如用户与大型智能表面之间的距离 r_d、载波频率 f_c、发射功率 P_T、阵列/天线增益等。根据信道测量建模文献 [142]，当选取 $r_d = 300$ m，$P_T = 20$ dBm，$f_c = 28$ GHz 的场景参数时，在 100 MHz 的带宽下，接收信噪比范围如图 6.2 所示。

另外，在信道模型(6.7)中，$\boldsymbol{a}_T(\phi_\ell, \psi_\ell)$ 和 $\boldsymbol{a}_R(\phi'_\ell, \psi'_\ell)$ 分别是接收端与发射端的导向矢量，并且在考虑 UPA 的天线阵列时，有着如下相似的形式[13]

$$a_R(\phi_\ell, \psi_\ell) = \frac{1}{\sqrt{N_{\text{RIS}}^{\text{ant}}}} \left[1, \cdots, e^{j\frac{2\pi}{\lambda}d(n\sin(\phi_\ell)\cos(\psi_\ell) + m\sin(\psi_\ell))}, \right.$$
$$\left. \cdots, e^{j\frac{2\pi}{\lambda}d((N_H-1)\sin(\phi_\ell)\cos(\psi_\ell) + (N_W-1)\sin(\psi_\ell))} \right] \quad (6.8)$$

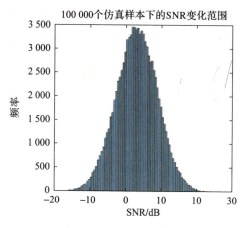

图 6.2　接收信噪比范围

(引用：刘仕聪. 知识数据驱动的大维阵列低开销传输技术 [D]. 北京：北京理工大学, 2023.)

那么显然信道矩阵可以表示为矩阵形式

$$\boldsymbol{C}_d = \boldsymbol{A}_{\mathrm{R}} \tilde{\boldsymbol{C}}_d \boldsymbol{A}_{\mathrm{T}}^H \tag{6.9}$$

式中，$\tilde{\boldsymbol{C}}_d$ 是对角矩阵，满足

$$\tilde{\boldsymbol{C}}_d = \sqrt{\frac{N_{\mathrm{UE}}^{\mathrm{ant}} N_{\mathrm{RIS}}^{\mathrm{ant}}}{L}} \mathrm{diag}\left(\left[\alpha_1 p\left(dT_s - \tau_1\right), \alpha_2 p\left(dT_s - \tau_2\right), \cdots, \alpha_L p\left(dT_s - \tau_L\right)\right]\right) \tag{6.10}$$

且 $\boldsymbol{A}_{\mathrm{R}} = [a_{\mathrm{R}}(\phi_1,\psi_1), a_{\mathrm{R}}(\phi_2,\psi_2), \cdots, a_{\mathrm{R}}(\phi_L,\psi_L)] \in \mathbb{C}^{N_{\mathrm{RIS}}^{\mathrm{ant}} \times L}$，$\boldsymbol{A}_{\mathrm{T}} = [a_{\mathrm{T}}(\phi_1',\psi_1'), a_{\mathrm{T}}(\phi_2',\psi_2'), \cdots, a_{\mathrm{T}}(\phi_L',\psi_L')] \in \mathbb{C}^{N_{\mathrm{UE}}^{\mathrm{ant}} \times L}$ 分别是由 L 个导向矢量组成的导向矩阵。在后续的数学模型中，由于采用了 OFDM 的传输方案，因此将更多采用频域的信道表示。根据频域信道和延迟域信道之间服从傅里叶变换关系，容易得到频域信道的表示

$$\boldsymbol{H}_k = \sum_{d=0}^{K-1} \boldsymbol{C}_d e^{-\mathrm{j}\frac{2\pi k}{K}d} \tag{6.11}$$

式中，$\boldsymbol{C}_d$ 即为信道的时域响应。在频域，原本需要进行卷积得到接收信号的过程通过将频域直接相乘的方式获取，在后续建模中较为方便。除了时域与频域之外，信道的空间域（角度域）性质也较为重要。由于信道采用几何建模方式，因此本质上为不同导向矢量的加权和。根据 ULA 的导向矢量的性质，对频域信道做傅里叶变换后将得到角度域信道，一个典型的 6 簇 8 径信道的角度域表示如图 6.3 所示，显然角度域信道有着较为明显的稀疏性，因此可以利用该性质实现频域、时域信道的重建。

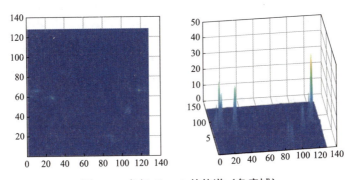

图 6.3　多径 $L=6$ 的信道（角度域）

(引用：刘仕聪. 知识数据驱动的大维阵列低开销传输技术 [D]. 北京: 北京理工大学, 2023.)

6.3 基于人工智能技术的可重构智能表面信道估计

6.3.1 导频传输方案

根据前文中给出的假设，RIS 将被建模为大规模 UPA，此时的传输模型为经典的 MIMO 传输模型。根据图 6.1 所示，考虑能源开销与硬件复杂度等因素，实际建模中，将采用极少的射频链路连接有限的活跃阵元，其他无源阵元仅作为反射入射电磁波使用，因此，在 LIS 端，将可以采用如图 6.1(b) 所示的天线选择器作为接收机结构。在导频传输阶段，每 $N_{\text{RIS}}^{\text{RF}}$ 个一组的活跃阵元将被依次按顺序激活，激活后的 $N_{\text{RIS}}^{\text{RF}}$ 个阵元可以将采集的信号送入射频链路，从而获取基带信号。未激活的活跃阵元将处于无源工作模式，直到天线选择器将其激活。上行的导频训练将包含 B 个时隙，即 B 个不同的 OFDM 符号，则对于第 b 个时隙的第 k 个子载波的基带接收信号可以表示为

$$\boldsymbol{y}_k^b = \boldsymbol{W}_{\text{AS}}^b \boldsymbol{H}_k \boldsymbol{F}_{\text{RF}}^b \boldsymbol{F}_{\text{BB},k}^b \boldsymbol{s}_k^b + \boldsymbol{n}_k^b \tag{6.12}$$

式中，$\boldsymbol{W}_{\text{AS}}^b \in \mathbb{Z}^{N_{\text{RIS}}^{\text{S}} \times N_{\text{RIS}}^{\text{ant}}}$ 是天线选择矩阵，该矩阵中每一行将有 $N_{\text{RIS}}^{\text{ant}} - 1$ 个 0 元素，而仅有 1 个非零元素 1（即，天线选择矩阵是一个由 $N_{\text{RIS}}^{\text{S}}$ 个独热矢量堆叠而成的矩阵，其独热位置索引就是活跃阵元的索引）；$\boldsymbol{F}_{\text{RF}}^b$ 和 $\boldsymbol{F}_{\text{BB},k}^b$ 分别是用户端的模拟预编码矩阵和数字预编码矩阵；考虑到基带处理的总功率约束，$\boldsymbol{F}_{\text{BB},k}^b$ 将满足 $\|\boldsymbol{F}_{\text{BB},k}^b\|_F^2 = N_{\text{UE}}^S$，在导频训练阶段为方便运算，可以将其设计为单位矩阵。模拟预编码一般采用移相器实现，此时的约束条件为恒模约束，因此，在导频训练阶段，可以将其设计为一段伪随机相位的移相器，其中的每一个元素 $e^{j\phi}$ 满足 $\phi \sim \mathcal{U}[0, 2\pi]$。伪随机相位矩阵在接收机（即 RIS 端）也是已知的，以便进行信道的估计；$\boldsymbol{s}_k^b \in \mathbb{C}^{N_{\text{UE}}^S}$ 是基带的频域导频信号，导频训练阶段，为方便表示，

此处用全 1 矢量代替；$n_k^b \in \mathcal{CN}(0, \sigma_n^2 \boldsymbol{I}_{N_{\mathrm{LIS}}^{\mathrm{S}}})$ 是加性高斯白噪声矢量。导频训练阶段，由用户连续发送接收端已知的导频信号，接收端通过同步接收导频信号，实现对环境的感知。

6.3.2 基于贪婪迭代的初步估计

根据前一节中对问题的建模，将得到式 (6.12) 所示的传输模型。对式 (6.12) 做向量化处理，得到

$$\begin{aligned}\boldsymbol{y}_k^b &= \mathrm{vec}\left(\boldsymbol{y}_k^b\right) \\ &= \left(\boldsymbol{F}^b s^b\right)^{\mathrm{T}} \otimes \left(\boldsymbol{W}_{\mathrm{AS}}^b\right) \mathrm{vec}\left(\boldsymbol{H}_k\right) + \boldsymbol{n}_k^b\end{aligned} \tag{6.13}$$

式中，取 $\boldsymbol{\Phi}^b = \left(\boldsymbol{F}^b s^b\right)^{\mathrm{T}} \otimes \left(\boldsymbol{W}_{\mathrm{AS}}^b\right)$ 为第 b 个时隙的观测矩阵；$\boldsymbol{F}^b = \boldsymbol{F}_{\mathrm{RF}}^b \boldsymbol{F}_{\mathrm{BB},k}^b$ 和 $\boldsymbol{W}_{\mathrm{AS}}^b$ 分别为第 b 个时隙的用户预编码矩阵和智能表面天线选择器；$\boldsymbol{h}_k = \mathrm{vec}(\boldsymbol{H}_k)$ 是向量化的信道向量。注意，此处考虑计算复杂度问题，将对不同频段的信号采取频率平坦的预编码，但是计算复杂度降低的代价是时域信号将出现较高的 PAPR，这将对收发机的功率放大器有较高的要求，需要功率放大器的线性区足够宽。为松弛该假设带来的影响，通过引入一种伪随机扰码[143]的方式降低峰均比。

显然，在实际通信系统中，每一个时隙接收机能获取的观测数与数据流数量 $N_{\mathrm{RIS}}^{\mathrm{S}}$ 相同，因此，总观测数与采样时间、数据流数量的关系为 $M = B N_{\mathrm{RIS}}^{\mathrm{S}}$，其中，$B$ 即为导频训练的时间开销。根据该关系，容易看出导频训练的时间开销将随着 $N_{\mathrm{RIS}}^{\mathrm{S}}$ 的增加而减少。考虑时间开销与基带处理复杂度的取舍平衡，可以尽可能少地选择数据流与射频链路数量，从而实现以时间换复杂度。在 $M = B N_{\mathrm{RIS}}^{\mathrm{S}}$ 次活跃阵元的采样之后，接收机接收到的总观测可以表示为

$$\boldsymbol{y}_k = \left[\left(\boldsymbol{y}_k^1\right)^{\mathrm{T}}, \left(\boldsymbol{y}_k^2\right)^{\mathrm{T}}, \cdots, \left(\boldsymbol{y}_k^B\right)^{\mathrm{T}}\right]^{\mathrm{T}} \tag{6.14}$$

代入式 (6.13)，得到

$$\begin{aligned}\boldsymbol{y}_k &= \left[\left(\boldsymbol{\Phi}^1\right)^{\mathrm{T}}, \left(\boldsymbol{\Phi}^2\right)^{\mathrm{T}}, \cdots, \left(\boldsymbol{\Phi}^B\right)^{\mathrm{T}}\right]^{\mathrm{T}} \boldsymbol{h}_k + \boldsymbol{n}_k \\ &= \boldsymbol{\Phi} \boldsymbol{h}_k + \boldsymbol{n}_k\end{aligned} \tag{6.15}$$

式中，$\boldsymbol{\Phi} = [(\boldsymbol{\Phi}^1)^{\mathrm{T}}, (\boldsymbol{\Phi}^2)^{\mathrm{T}}, \cdots, (\boldsymbol{\Phi}^B)^{\mathrm{T}}]^{\mathrm{T}} \in \mathbb{C}^{M \times N_{\mathrm{RIS}}^{\mathrm{ant}} N_{\mathrm{UE}}^{\mathrm{ant}}}$ 代表的是合并的观测矩阵；$\boldsymbol{n}_k = [(\boldsymbol{n}_k^1)^{\mathrm{T}}, (\boldsymbol{n}_k^2)^{\mathrm{T}}, \cdots, (\boldsymbol{n}_k^B)^{\mathrm{T}}]^{\mathrm{T}}$ 则是堆叠的噪声矢量。此处的信道矢量仍不是稀疏信号，因此还不能应用压缩重建算法。由于信道矢量可以表示为 $\boldsymbol{H}_k = \boldsymbol{A}_{\mathrm{R}}^{\mathrm{D}} \widetilde{\boldsymbol{H}}_k \left(\boldsymbol{A}_{\mathrm{T}}^{\mathrm{D}}\right)^H + \overline{\boldsymbol{N}}$，其中导向矩阵有相似的形式

$$\boldsymbol{A}_{\mathrm{R}}^{\mathrm{D}} = \left[a_{\mathrm{R}}\left(\phi_1, \psi_1\right), \cdots, a_{\mathrm{R}}\left(\phi_1, \psi_{N_{\mathrm{RIS}}^{\mathrm{H}}}\right), \cdots, a_{\mathrm{R}}\left(\phi_{N_{\mathrm{RIS}}^{\mathrm{W}}}, \psi_{N_{\mathrm{RIS}}^{\mathrm{H}}}\right) \right] \tag{6.16}$$

式中，$N_{\mathrm{RIS}}^{\mathrm{ant}} = N_{\mathrm{RIS}}^{\mathrm{W}} N_{\mathrm{RIS}}^{\mathrm{H}}$；$\phi_i$ 和 ψ_i 分别是在 $[-\pi/2, \pi/2]$ 之间均匀选择的角度格点，有 $\phi_i = -\pi/2 + i\pi/N_{\mathrm{RIS}}^{\mathrm{W}}$ ($i = 1, 2, \cdots, N_{\mathrm{RIS}}^{\mathrm{W}}$)。相比原信道建模，该方法将信道的离开角与到达角映射到指定的格点上，此时中间的矩阵 $\widetilde{\boldsymbol{H}}_k$ 将是一个 L-稀疏的矩阵，这将便于后续处理。然而，实际的离开角与波达角并不是完美地落在格点上的，因此会产生一定的泄漏效应[143]，从而降低 $\widetilde{\boldsymbol{H}}_k$ 的稀疏性。将由于泄漏效应引发的误差建模为误差矩阵 $\overline{\boldsymbol{N}}$。容易进一步推导

$$\boldsymbol{y}_k = \boldsymbol{\Phi} \mathrm{vec}\left(\boldsymbol{A}_{\mathrm{R}}^{\mathrm{D}} \widetilde{\boldsymbol{H}}_k \left(\boldsymbol{A}_{\mathrm{T}}^{\mathrm{D}}\right)^H + \overline{\boldsymbol{N}} \right) + \boldsymbol{n}_k = \boldsymbol{\Phi\Psi} \tilde{\boldsymbol{h}}_k + \boldsymbol{n}_{\mathrm{E},k} \tag{6.17}$$

式中，$\boldsymbol{\Psi} = \left(\boldsymbol{A}_{\mathrm{T}}^{\mathrm{D}}\right)^* \otimes \boldsymbol{A}_{\mathrm{R}}^{\mathrm{D}}$ 表示正交基矩阵，也被称为字典矩阵；$\tilde{\boldsymbol{h}}_k = \mathrm{vec}\left(\widetilde{\boldsymbol{H}}_k\right)$ 代表在此正交基矩阵下的信道的稀疏表示；$\boldsymbol{n}_{\mathrm{E},k} = \mathrm{vec}(\overline{\boldsymbol{N}}) + \boldsymbol{n}_k$ 代表等效误差。由于考虑到频率平坦的预编码器设置，因此总观测问题可以描述为

$$[\boldsymbol{y}_1, \boldsymbol{y}_2, \cdots, \boldsymbol{y}_K] = \boldsymbol{\Phi\Psi} \left[\tilde{\boldsymbol{h}}_1, \tilde{\boldsymbol{h}}_2, \cdots, \tilde{\boldsymbol{h}}_K\right] + [\boldsymbol{n}_{\mathrm{E},1}, \boldsymbol{n}_{\mathrm{E},2}, \cdots, \boldsymbol{n}_{\mathrm{E},K}] \tag{6.18}$$

至此，该信道估计问题已经被建模为一个压缩感知问题，可以采用相关的算法来重构实现信道估计。

在压缩重建中，最基础的贪婪算法为 MP 算法[144]，这是一种时频分析工具，其目的是将某一个已知的信号分解为最为接近的许多原子信号的加权和，其中的原子是某个原子信号库（即正交基矩阵，或字典矩阵）中的一个元素，因此匹配追踪算法的中心问题是寻找信号在字典矩阵中最优的若干原子。一次完整的匹配追踪算法流程如图 6.1 所示。

在算法 6.1 中，指定的迭代终止条件可以是流程所示的指定次数，也可以是指定误差范围。该流程图在实际 MP 算法运行时采用其他终值条件时并不完全匹配，因为 MP 算法本身的特点将导致收敛问题的出现。从流程中可以看出，匹配追踪算法在字典库 $\boldsymbol{A}$ 的每一列中寻找与原信号 $\boldsymbol{y}_k$ 最为接近（相关）的原子，求解残差后，迭代选择与残差最为逼近的原子，经过反复迭代后，原信号 $\boldsymbol{y}_k$ 就可以用这些原子来线性拟合。但匹配追踪方法仅仅将原信号 $\boldsymbol{y}_k$ 表示成最相关原子上的垂直投影分量和残差项，即 $\boldsymbol{y}_k = \langle \boldsymbol{y}_k, a^1 \rangle a^1 + R_1$，其中，$a^1$ 是最强相关原子，R_1 是残差。随着 MP 算法的继续分解，并不能有效消除残差项，因为每次运算只能保证与上一步的结果正交，而不能保证残差项与每次的结果都正交，因此最终会在反复迭代中难以收敛。如果将每一次运算都通过正交投影来计算正交域的残差，就可以保证运算的收敛性，由此得到了 OMP 算法 6.2。

算法 6.1: 匹配追踪算法。

(引用：刘仕聪. 知识数据驱动的大维阵列低开销传输技术 [D]. 北京: 北京理工大学, 2023.)

  输入： 第 k 个子载波的残差向量 $\boldsymbol{y}_k$，总观测矩阵 $\boldsymbol{A}$，迭代次数 L，原子索引集合 $J = \varnothing$

  输出： 重建稀疏信号 $\boldsymbol{x}_k$

 1: 初始化：残差 $\boldsymbol{e}_0 = \boldsymbol{y}_k$
 2: **for** $\ell = 1$ to L **do**
 3: 在单次迭代中寻找相关性最强的原子索引 $i = \underset{0 \leqslant i \leqslant M-1}{\operatorname{argmax}} \left(\langle \boldsymbol{e}_\ell, \boldsymbol{a}_i \rangle \right)$
 4: 将本次迭代查找的原子加入集合 $J = [J, a_i]$
 5: **end for**

算法 6.2: 正交匹配追踪算法。

(引用：刘仕聪. 知识数据驱动的大维阵列低开销传输技术 [D]. 北京: 北京理工大学, 2023.)

  输入： 第 k 个子载波的残差向量 $\boldsymbol{y}_k$，总观测矩阵 $\boldsymbol{A}$，迭代次数 L，原子索引集合 $J = \varnothing$，原子集合 $P = \varnothing$

  输出： 重建稀疏信号 $\boldsymbol{x}_k$

 1: 初始化：残差 $\boldsymbol{e}_0 = \boldsymbol{y}_k$
 2: **for** $\ell = 1$ to L **do**
 3: 在单次迭代中寻找相关性最强的原子索引 $i = \underset{0 \leqslant i \leqslant M-1}{\operatorname{argmax}} \left(\langle \boldsymbol{e}_\ell, \boldsymbol{a}_i \rangle \right)$
 4: 将本次得到的原子索引加入集合 $J = J \cap \{i\}$，并更新原子集合 $P = [P, a_i]$
 5: 计算最小二乘（正交投影）$\hat{\boldsymbol{x}} = \left(\boldsymbol{P}^H \boldsymbol{P} \right)^{-1} \boldsymbol{P}^H \boldsymbol{y}_k$
 6: 根据本次计算更新残差 $\boldsymbol{e}_{\ell+1} = \boldsymbol{y}_k - \boldsymbol{P}\hat{\boldsymbol{x}}$
 7: **end for**

  在现代通信系统中，相似的角度域共同支撑集特性可以被有效利用。在 OFDM 系统中，系统带宽一般为 9～18 MHz（1 024～2 048 子载波），在这种频段内，散射体的主要性质没有发生质的改变。由于毫米波信道存在明显角度域稀疏性，因此，散射体上的相似性会导致角度域上共同支撑集特性，即

$$\mathcal{S} = \operatorname{supp}\left\{\tilde{\boldsymbol{h}}_1\right\} = \operatorname{supp}\left\{\tilde{\boldsymbol{h}}_2\right\} = \cdots = \operatorname{supp}\left\{\tilde{\boldsymbol{h}}_K\right\} \tag{6.19}$$

此时在观测问题 $\boldsymbol{y} = \boldsymbol{\Phi}\boldsymbol{\Psi}\tilde{\boldsymbol{h}} + \boldsymbol{n}_\mathrm{E}$ 中，可以引入 MMV 方法实现算法改进。与算法 6.2 的不同点在于，单次迭代中需要通过 $i = \underset{0 \leqslant i \leqslant M-1}{\operatorname{argmax}} \left(\sum |\langle \boldsymbol{e}_\ell, \boldsymbol{a}_i \rangle| \right)$ 找到相关性最强的索引，就可以通过求和的方式平滑噪声带来的负面影响，如图 6.4 所示。

  除此之外，容易知道 OMP 算法的性能取决于搜索域的分辨率，或者说字典矩阵的分辨率。可以通过降低字典矩阵的角度间隔的方式提高搜索域的分辨力，如图 6.5 所示。

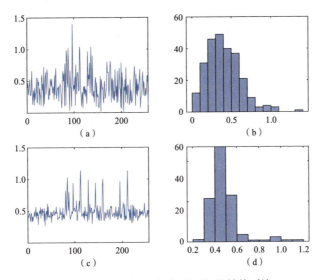

图 6.4　单观测矢量与多观测矢量性能对比

(a) SMV 相互关系数; (b) SMV 直方图; (c) MMV 相互关系数; (d) MMV 直方图

(引用：刘仕聪. 知识数据驱动的大维阵列低开销传输技术 [D]. 北京: 北京理工大学, 2023.)

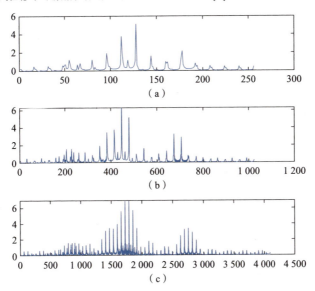

图 6.5　过完备字典下的分辨率展示

(a) 非过完备字典的稀疏表示; (b) 2 倍过完备字典的稀疏表示; (c) 4 倍过完备字典的稀疏表示

(引用：刘仕聪. 知识数据驱动的大维阵列低开销传输技术 [D]. 北京: 北京理工大学, 2023.)

值得一提的是，虽然通过增加角度间隔直观上只相当于部分 DFT 矩阵，没有提高分辨率的效果，但是却可以有效提高搜索域上的分辨效果，使原本不在格点上的数据可以充分展现，从而提高估计的精确度。

6.3.3 基于盲去噪器的估计增强

容易注意到，加性复噪声 n_E 是对性能造成影响的重要因素，而最近的研究 [145] 表明，可以通过设计基于神经网络的盲去噪器实现信号的噪声滤除。目前，绝大多数深度学习的构建模块都是基于实数操作与表示的，但是最近的研究表明，复数网络可能具有更为丰富的表达能力 [146]。事实上，在通信中处理的数值也往往是复数值，这对于深度学习算法而言无疑提出了挑战。现有的方法往往将实部与虚部分别输入网络，但这在卷积网络中将不能完美地利用虚部与实部之间的互相相关性，因此希望通过改进传统的实数网络实现复数数据的利用。由于缺少此类模型的构造单元，因此复值深度网络的研究是一度边缘化的。本节中给出了一些常见模块的复数表示形式，这些模块也将在后文中构造复数去噪网络。

对于卷积层而言，存在两种传统的利用复数的手段。在二维卷积中，输入张量维度为 $N \times C \times H \times W$，分别为批大小、通道数、高度、宽度。当需要处理的数据为复数时，可以将实部和虚部分别堆叠在 N 或 C 维度中，在卷积层中是做并列处理。为了更合适地使用复数的运算法则，本书选择了复卷积层的方法适应复数处理，对于一个二维卷积问题，滤波器 W 和输入图像 h 之间的运算关系可以表示为

$$W * h = (A * x - B * y) + (B * x + A * y)\mathrm{i} \tag{6.20}$$

式中，$W = A + B\mathrm{i}$；$h = x + y\mathrm{i}$。将此关系写成矩阵的形式得到

$$\begin{bmatrix} \mathrm{Re}\{W * h\} \\ \mathrm{Im}\{W * h\} \end{bmatrix} = \begin{bmatrix} A & -B \\ B & A \end{bmatrix} * \begin{bmatrix} x \\ y \end{bmatrix} \tag{6.21}$$

式中，$\mathrm{Re}\{\cdot\}$ 和 $\mathrm{Im}\{\cdot\}$ 分别代表取实部与虚部处理。对于有多个通道 C 的数据，归一化层将不同通道内的数据归一化为标准正态分布的数据，该运算在前文介绍中又被称为是白化。由于直接进行方差计算时，无法保证实部和虚部均被白化为标准正态分布，因此，此处考虑二维向量白化运算

$$\hat{x} = (V)^{-\frac{1}{2}}(x - \mathbb{E}[x]) \tag{6.22}$$

此处的 V 矩阵是协方差矩阵，满足如下关系

$$V = \begin{pmatrix} V_{rr} & V_{ri} \\ V_{ir} & V_{ii} \end{pmatrix} = \begin{pmatrix} \mathrm{Cov}(\mathrm{Re}\{x\}, \mathrm{Re}\{x\}) & \mathrm{Cov}(\mathrm{Re}\{x\}, \mathrm{Im}\{x\}) \\ \mathrm{Cov}(\mathrm{Im}\{x\}, \mathrm{Re}\{x\}) & \mathrm{Cov}(\mathrm{Im}\{x\}, \mathrm{Im}\{x\}) \end{pmatrix} \tag{6.23}$$

式中，一个二阶矩阵的 $-1/2$ 次方有着并不复杂的解析解，且考虑到本质为协方差矩阵，则该矩阵还是（半）正定的拓普利兹矩阵。因此，在特征值分解时，存在闭合表达式，从而在反向传播中可导。

此外，此处采用最为常用的 ReLU 激活函数。在复数域采用的激活函数有多重数学建模方法，例如约束模的 ReLU 函数、复 ReLU 函数以及 z 平面的 ReLU 函数等。此处采用复数 ReLU 函数进行激活，其表达式为

$$\mathbb{C}\text{ReLU}(z) = \text{ReLU}(\text{Re}\{z\}) + i\text{ReLU}(\text{Im}\{z\}) \tag{6.24}$$

由于这样的运算在 z 的实部和虚部符号严格相同时满足柯西黎曼公式，因此此时是解析的，在深度网络中的反向传播中可以正常求导。利用上述复数构造模块，容易构造一个可以被自动求导训练的去噪网络模型。

常见的去噪算法有 BM3D、WNNM、EPLL、MLP、CSF 等，而这些方法均考虑了采用一些窗处理的方案，通过矩形或其他形式的窗函数选择部分相关像素区域进行处理。常见算法中的有效窗大小见表 6.1。参考常见算法的窗大小，本书将采用 35×35 大小的窗函数进行处理，由于对于第 d 层而言，3×3 卷积网络的感知野为 $(2d+1) \times (2d+1)$，因此网络总层数选为 17 层。

表 6.1 不同去噪算法的有效窗大小

（引用：刘仕聪. 知识数据驱动的大维阵列低开销传输技术 [D]. 北京：北京理工大学，2023.）

算法	BM3D	WNNM	EPLL	MLP	CSF	TNRD
等效窗	49×49	361×361	36×36	47×47	61×61	61×61

去噪网络的输入为含噪的观测 $\boldsymbol{y} = \boldsymbol{x} + \boldsymbol{n}$，而常见的判别模型将选择学习映射关系 $\mathcal{F}(\boldsymbol{y}) = \boldsymbol{x}$，即通过含噪的观测直接预测纯净图像。残差学习的理论认为，当回归问题的预测目标难以学习时，可以学习另一个残差映射 $\mathcal{G}(\boldsymbol{y}) = \boldsymbol{n}$，则预测目标可以通过 $\boldsymbol{x} = \boldsymbol{y} - \mathcal{G}(\boldsymbol{y})$ 得到。此时的残差图像和估计结果的 MSE 函数可以写作

$$\ell(\boldsymbol{\Theta}) = \frac{1}{2N} \sum_{i=1}^{N} \|\mathcal{G}(\boldsymbol{y}; \boldsymbol{\Theta}) - (\boldsymbol{y}_i - \boldsymbol{x}_i)\|_F^2 \tag{6.25}$$

式中，可训练参数用 $\boldsymbol{\Theta}$ 表示；$\{(\boldsymbol{y}_i, \boldsymbol{x}_i)\}_{i=1}^{N}$ 代表 N 组无噪声的输入与含噪声观测的训练数据对。去噪网络的主要结构如图 6.6 所示。考虑图 6.6 所示的输入与输出层，则隐藏层的层数为 $d_h = 15$ 层。具体而言，网络结构如下：

- **输入**：卷积层 + 激活层

将输入的图像（信道）直接进行卷积处理并送入激活函数。为了充分提取

图像特征，此处采用 64 个 $3 \times 3 \times C$ 滤波器组（卷积核）进行卷积，并产生 64 个特征图，并通过 ReLU 函数附加非线性映射。由于输入图像并不区分多通道，因此在此特定问题上，取 $C=1$。

- **隐藏层**：卷积层 + 批归一化 + 激活层
  第 $2 \sim (d-1)$ 层一般称为隐藏层。从第一个网络输出的 64 组特征图构成一整个张量输入隐藏层，因此设计 64 个 $3 \times 3 \times 64$ 的滤波器组（卷积核）进行特征的进一步提取。通过卷积层后，为了提高训练效率，此处将对输出施加一个批量归一化操作处理，然后进行激活。

- **输出层**：卷积层
  该层为输出层，主要功能为聚合来自上一层的 64 个特征，因此该层采用单个 $3 \times 3 \times 64$ 的卷积核，用于重建输出。

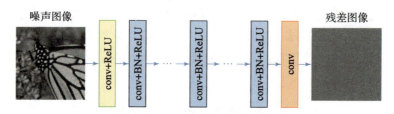

图 6.6　DnCNN 深度去噪网络的主要结构图 [145]

6.4　性能分析

本节中将测试所提出的基于压缩感知和深度学习盲去噪处理方案的性能表现。在信道估计误差方面，采用了 NMSE 作为评判标准，其表达式为

$$\mathrm{NMSE}(\boldsymbol{H}, \widehat{\boldsymbol{H}}) = \mathbb{E}\left[\frac{\|\boldsymbol{H} - \widehat{\boldsymbol{H}}\|_F^2}{\|\boldsymbol{H}\|_F^2}\right] \tag{6.26}$$

式中，$\mathbb{E}[\cdot]$ 是求期望运算。在仿真中，RIS 是一个大规模 UPA，其阵列数量为 $N_{\mathrm{RIS}}^{\mathrm{ant}} = N_{\mathrm{RIS}}^{\mathrm{H}} \times N_{\mathrm{RIS}}^{\mathrm{W}}$，根据不同的仿真场景，将有 $N_{\mathrm{RIS}}^{\mathrm{H}} = N_{\mathrm{RIS}}^{\mathrm{W}} = \{16, 24, 32\}$ 等取值。根据第 2 章的介绍，考虑大规模智能表面的功率开销与成本，将部署 $N_{\mathrm{RIS}}^{\mathrm{S}} = 1$ 个数据流与 $N_{\mathrm{RIS}}^{\mathrm{RF}} = 1$ 个射频链路用于基带信号处理。同样考虑硬件限制，对模拟波束成形部分实行 3 比特量化，即模拟波束只有 2^3 个方向。仿真中的载波频率为 $f_C = 28$ GHz，其波长近似在 10 mm，是协议允许的毫米波频率。采用的 OFDM 方案中，导频训练阶段带宽被设置为 $f_{BW} = 100$ MHz，子载波数则被设置为 $K = 256$ 个，从而令信道的尺寸更接近自然图像的采样；此外，OFDM

方案采用 CP-OFDM 方案，利用循环前缀来对抗多径衰落效应。由于在信道中假设最大多径时延为 $\tau_{\max} = 32/f_{BW}$，因此设置循环前缀长度为 $L_{CP} = 32$。

对于信道而言，假设信道在空间中存在 $L = 6$ 条稀疏多径，其不同多径之间的离开角/到达角在空间中的分布（方位角/俯仰角）均服从均匀分布 $\mathcal{U}[-\pi/2, \pi/2]$。对于不同多径的能量分布，假设到达多径的能量随到达时间服从指数分布递减，而不同多径的到达时间在延迟域呈截断拉普拉斯分布。

首先验证基于压缩感知的方案的可行性，需要确认在何种规模的观测数下算法可以成功实现信道重建。仿真中选取典型的 16×16 与 24×24 规模的 UPA 天线阵列作为大型智能表面的规模，以及典型的信噪比 SNR = $\{-10, 5, 20\}$ dB。其中激活部分阵元 M 个，并观察数 M 的取值对结果的影响。

图 6.7 所示为不同尺寸的智能表面在不同信噪比下的估计误差随活跃阵元数 M 的变化关系。显然，随着观测数 M 的提高，算法的性能在不断提高，然而随着观测的增加，性能改善的幅度下降。在性能与复杂度的取舍中，采用 $M = 64$ 活跃阵元作为总观测数，作为后续仿真的参数。值得注意的是，阵元的大小对结果没有明显影响，从而允许采用固定的 $M = 64$ 观测数在更大的智能表面中进行信道估计。除此之外，信噪比的提升将带来可观的性能增益，因此也提示了降噪处理可能的良好前景。

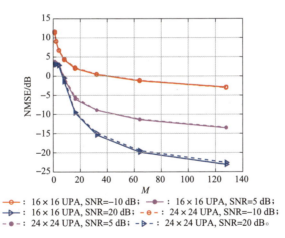

图 6.7 基于压缩感知 OMP 方案的 NMSE-观测数 M 性能对比

(引用 [43])

其次验证不同压缩感知算法在该问题上的效果，其中，算法的迭代终止条件分别为迭代 64 次（充分收敛）、6 次（对应多径 $L = 6$）以及均方误差阈值。如图 6.8 所示，可以看出，在少量迭代以及低信噪比的条件下，MP 算法效果均优于 OMP 算法，但随着信噪比提升，少量迭代的 MP 算法的性能平台很快达到。由于算法的特性，MP 算法将在若干原子之间反复选择调优，而 OMP 算法不会选择同一原子，这将导致 OMP 的充分迭代受噪声影响更大，因此，在充分迭代的条件下，MP 效果较好，从算法的鲁棒性以及运算时间的角度选择，采用 OMP 算法将更为合适。

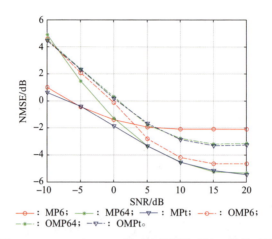

图 6.8 OMP 与 MP 算法在不同信噪比下性能对比

(引用：刘仕聪. 知识数据驱动的大维阵列低开销传输技术 [D]. 北京: 北京理工大学, 2023.)

然而以上算法在噪声环境下的鲁棒性均较差，在 20 dB 信噪比条件下仅有 -5 dB 的归一化均方误差水平，在实际应用中，将对通信系统产生较大影响；另外，采用充分迭代方法虽然性能上略具优势，但在该问题中将消耗 10 倍以上的运算力，在实际应用中将造成较大延迟，因此，在后续仿真中将采用 OMPt（以均方误差作为迭代终止阈值的算法）进行比较。如图 6.9 所示，MMV 前缀代表采用多观测矢量的方法，β 是过完备字典的过采样倍数。采用冗余字典后，算法性能明显提高，显示出准确（无泄露）的角度估计的重要性。在多载波场景中，继续测试了基于多观测矢量的改进算法，仿真结果显示，所有基于 MMV 的算法相比 SMV 场景性能都有巨大提升，其中 4 倍过采样的 MMV 场景下，性能已经接近全阵列激活条件下的 LS 算法性能界。

最后简单对比在改进方案下 BER 的性能表现。此处采用 16×16 的智能表面辅助单个用户时的误码率性能表现，其中假设基站到表面之间的信道完美已知。图 6.10 所示为单载波条件下误码率性能对比，在单载波条件下信道的误差较大，因此，在进行均衡之后，不能恢复信息，此时的误码性能达到 50%，即无法判决，在采用更高精度字典时，也不能改善噪声对估计的影响。当采用多观测矢量方案时，估计性能得到了较好的改善，此时由于多载波之间的噪声被抑制，误码率在较低信噪比下就可以达到性能要求。

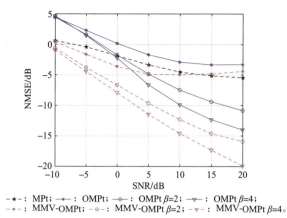

图 6.9　OMP 及其改进算法性能对比

(引用：刘仕聪. 知识数据驱动的大维阵列低开销传输技术 [D]. 北京: 北京理工大学, 2023.)

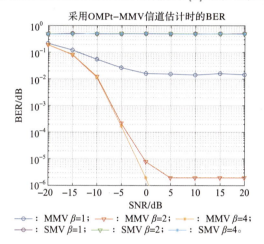

图 6.10　改进算法的 BER 性能表现

(引用：刘仕聪. 知识数据驱动的大维阵列低开销传输技术 [D]. 北京: 北京理工大学, 2023.)

随后测试基于深度学习去噪增强后的传输性能，该网络采用预训练的方法，在仿真中只进行前向传播，从而大大降低了部署的难度与实际运算量。在训练中，采用 $N_{\text{RIS}}^{\text{ant}} = 16 \times 16$ 的 UPA 建模反射表面，采用 $M = 64$ 活跃阵元进行估计，此时初步估计的维度一般为 $N_{\text{UE}}^{\text{ant}} \times N_{\text{UE}}^{\text{ant}} \times N_c$，其中，$N_{\text{UE}}^{\text{ant}}$ 维度将被叠加到 NCHW 维度的 C 中。为使尺寸更接近自然图像，此处选择 $N_{\text{RIS}}^{\text{ant}} = N_c = 256$。参数优化中，此处采用 Adam 优化器对参数进行优化，初始学习率设置为 1×10^{-3}，并随着迭代进行而减小，学习率下降规则为固定阶梯下降，每 20 轮迭代降低为上次迭代的 70%。训练迭代总计 150 轮，每次迭代中将有 20 000 组独立产生的信道训练数据进行监督训练，其中每次梯度优化采用 8 组训练数据为一批的方式进行。

根据网络需要，输入数据为采用 MMV-OMPt 算法进行预估计的结果，用于训练的标签则为实际的真实信道。由于利用了信道角度域的特性进行增强，因此数据集中的信道也处于角度域。数据集的 20 000 组信道中，互相之间的离开角/到达角均为独立随机产生的，服从 $\mathcal{U}[-\pi/2,\pi/2]$ 的均匀分布。考虑到不同的训练方案需要不同的数据，因此训练数据在 $-10\sim20$ dB 区间内每隔 5 dB 均会生成备用。在信道生成中，考虑的 $L=6$ 多径数为纯稀疏多径，不存在角度扩散，而实际仿真中，若考虑指定分布的角度扩散，仍可以获得较好的结果。

如图 6.11 所示，其中图例中标注 MMV 的均为采用多观测矢量方法的算法，DnCNN 曲线为文献 [145] 去噪网络带来的性能增益，而 CV-DnCNN 曲线则是本书中采用复数网络带来的性能增益。此图中所有仿真均是基于多径数 $L=6$ 与信噪比 SNR=10 dB 条件下的训练结果，其中，星标的曲线则是在每一个对应的信噪比情况下单独训练得到的曲线。仿真结果表明，基于深度复数去噪网络的方法可以在一次前馈的过程中为归一化均方误差性能带来 5 dB 左右的增益，且相比传统的实数网络在相同训练条件下有着更优的性能。值得注意的是，深度去噪网络在 SNR=10 dB 的数据集下训练结果与在每一个 SNR 数据集下单独训练相比，性能损失很小，这与文献 [145] 的盲去噪效果相符，即本网络在噪声水平上有着很好的鲁棒性。

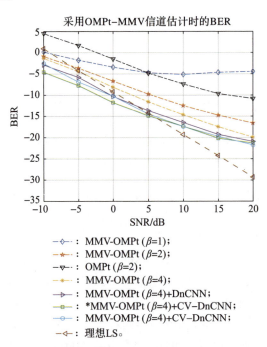

图 6.11 增强算法与初步估计算法的性能对比 [43]

除此之外，算法在多径数上的鲁棒性也需要被验证。如图 6.12 所示，在 10 dB 信噪比条件下，通过变动信道数据集中的多径数量参数 L，测试了不同多径数下的算法性能，其中曲线 2 是在 $L = \{1, 3, 5, 7, 9\}$ 不同的参数下训练并测试的，而曲线 3 则直接在 $L = 6$ 的条件下训练网络并测试得到。在 20 000 组数据的充分测试下，网络对多径数量表现出较好的鲁棒性，只需在 $L = 6$ 的条件下预训练网络，即可应用于其他各种多径情况中，这对现实中的部署有着重要意义。现实中的信道始终是变化的，其信噪比与多径等参数受到用户分布与环境影响，因此算法对这些参数的较好适应能力对实际部署有着重要价值。值得一提的是，训练后的网络参数在以 32 位浮点数保存时，模型仅占用 4.3 MB 的存储空间，这保证了算法能够有效部署且可以高效实现。

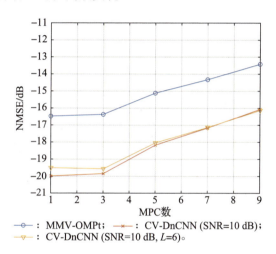

图 6.12　增强算法与初步估计算法的性能对比 [43]

6.5　小结

本章针对宽带与多天线通信系统在毫米波波段可能出现的覆盖率不足问题，引入了大型智能表面，并针对大型智能表面的信道估计问题进行了研究。在充分考虑可重构智能表面的特点后，设计了一种可以在低开销、低功率条件下运行的方案，使其可以在合适的信噪比下实现更优的信道估计性能与误码率。进一步充分考虑了基于深度学习的图像处理算法，使基于贪婪算法的初步估计性能可以进一步得到提升，尤其是极端低信噪比的条件下，且不会额外消耗较多的时间。

第 7 章
端到端通信系统设计

7.1 端到端设计简介

传统的 MIMO 信号传输过程主要可以描述为发射机先通过信道估计或信道反馈等方式获取 CSI 并利用 CSI 对发送信号进行预编码,接收机在信道存在干扰和噪声的情况下对信号完成检测和解调,从而恢复原始信号的过程。在传统方法中,例如导频设计、信道估计、信道反馈和预编码等关键通信模块,通常是独立进行优化的,这些模块的设计目前已经得到了广泛的研究。然而,这些传统方法通常需要大量的关于通信模型的先验假设,并且当实际模型与先验假设不匹配时,通信系统的性能也会恶化。此外,从最优化的角度来看,单独对每个模块采用各自的指标去进行最优化不能保证通信系统全局最优的性能。因而,传统的对各个通信模块进行单独优化的方式存在着许多问题。对于目前的 5G 通信系统,通信容量的需求越来越大,为此,大规模 MIMO 技术也逐渐得到更广泛的应用,从而大幅度提高了系统容量。然而,由于天线阵列的大规模部署,导致了 CSI 的巨大维度,给 CSI 的实时获取和预编码带来了困难。因此,开发高效的物理层通信系统来满足 5G 的高吞吐量和低延迟需求是当务之急。

在 TDD 系统中,全数字阵列的 BS 可以根据 UE 传输的上行导频较为容易地获得上行 CSI,然后利用信道互易性获得下行 CSI 进行预编码。然而,对于大规模 MIMO 系统,由于其高昂的功耗和硬件成本[147],难以负担全数字阵列。在天线阵上部署的混合模-数阵列可以很好地克服上述问题,但在天线阵上利用有限的射频链估计高维信道仍然存在导频开销较大的问题。此外,对于 FDD 系统,上行信道和下行信道不存在互易性,这导致下行 CSI 的获取更具挑战性。具体而言,FDD 系统中下行 CSI 的获取依赖于 BS 传输的下行导频,接收到的导频信号或估计的信道先在 UE 端进行压缩量化,然后反馈给 BS 进行下行预编码。由于大规模 MIMO 系统中 BS 配备有数百根天线,由此产生的高维下行 CSI 矩阵将对 UE 端的下行信道估计和上行 CSI 反馈造成过高的开销[85]。此外,即使在 BS 具备完美下行 CSI 的情况下，设计高频谱效率的多用户宽带混合预编码也是棘手的，这是因为射频模拟波束形成部分是频率平坦的，而实际的宽带通道是频率选择性的[148]。因此，如何在有限的通信开销下获取精确的大规模 MIMO 的下行 CSI 并实现可靠的多用户混合预编码是一个关键问题。

对于 TDD 混合模-数 MIMO 系统的信道估计，利用毫米波信道在时延域或角度域的稀疏性，借助压缩感知技术[149]，可以降低导频开销。文献 [9, 10, 150, 151] 采用了包括 OMP 和 SW-OMP 在内的贪婪压缩感知算法进行 CSI 捕获，文献 [11, 152, 153] 则采用了贝叶斯压缩感知算法，如近似消息传递算法。然而，这些信道估计方法高度依赖信道的先验信息，当假设的先验信息与实际信道不匹配时，不可避免地会导致性能损失。

对于 FDD 大规模 MIMO 系统中的信道估计和信道反馈问题，现有的方案之一是利用信道在角度域和延迟域的稀疏性来减少导频和反馈开销[85,89,154]。具体来说，UE 利用压缩感知技术，根据接收到的下行导频信号获取稀疏信道参数，并将这些参数量化后反馈给 BS 以进行信道重构[90]。其他一些现有的传统方案是基于码本的方案，如 DFT 码本[91]。其中，BS 和 UE 根据预先设定的码本进行波束搜索，UE 将反馈接收信噪比较强的几个码字和其信噪比[92,92]。

对于混合预编码，文献 [155] 提出了一种基于分层码本的单用户 MIMO 系统混合预编码方案。利用信道的稀疏性，文献 [101, 102] 提出了 SS-HB，以提高性能。在文献 [156] 和文献 [157] 中，作者提出了交替最小化混合预编码方案，以接近全数字预编码的性能。此外，文献 [105] 和文献 [106] 分别提出了一种适用于多用户 MIMO 系统的 TS-HB 和一种启发式混合预编码方案。针对用户数量大于射频链数量的情况，文献 [158] 和文献 [159] 提出了基于非正交多址接入的混合波束形成方案。在文献 [160] 中，作者提出了一种基于低分辨率移相器混合波束形成方案。由于在实际应用中存在频率选择性衰落信道，OFDM 被广泛应用于宽带系统中对抗多径效应。因此，针对 MIMO-OFDM 系统，文献 [109, 161 – 163] 分别提出了基于交替最小化[109]、PCA[161]、阵列导向矢量码本[162]、加权和速率最大化[163] 的宽带混合预编码方案。然而，这些混合预编码方案要么需要完美的下行 CSI，要么需要具有精确稀疏基的码本，这在实际系统中是很难获得的。

近年来，深度学习方法已成功应用于各个领域，在通信领域也得到了广泛的研究，包括 CSI 反馈[35,93,94]、信道估计[33,164,165]、预编码[166–172]、信号检测[173,174] 等。具体而言，在 CSI 反馈方面，文献 [35] 提出了一种基于卷积神经网络的深度自编码器网络 csiNet，以高效压缩和准确恢复 CSI。此外，文献 [93] 进一步研究了 CSI 反馈的比特量化，并对 csiNet 做了一些改进。针对实际 CSI 反馈中存在的干扰和非线性因素，文献 [94] 提出了一种基于深度学习的去噪网络，以提高 CSI 反馈的性能。在信道估计方面，文献 [33] 的作者提出了一种基于卷积神经网络的混合模-数大规模 MIMO 系统信道估计方案，而文献 [164] 的作者提出了一种基于模型驱动深度学习的解决方案。在预编码方面，文献 [166 – 168] 提出了基于深度学习的模拟预编码和混合预编码方案。然而，这些基于深度学习的预编码方案需要完美的显式 CSI，这在全数字阵列的 FDD 大规模 MIMO 系统或混合模-数阵列的 TDD/FDD 大规模 MIMO 系统中很难获得。为此，文献 [169 – 172] 提出了一些只需要隐式 CSI 的基于深度学习的预编码方案，以避免显式信道获取。具体来说，文献 [169] 针对窄带 FDD 全数字 MIMO 系统将导频设计、信道反馈和数字预编码联合建模为一个端到端神经网络。对于基于深度学习的混合预编码，文献 [170] 和文献 [171] 提出了适用于窄带 TDD MIMO 系统的基于深度学习的联合信道感知和混合预编码方案。此外，文献 [172] 提出了一种基于 RSSI 反馈的深度学习方案来设计窄带 FDD MIMO 系统的混合预编码。然而，这些基于深度学习的隐式 CSI 混合预编码方案要么只关注 TDD 系统中的模拟信道感知和预编码设计，而没有考虑模拟和数字部分的联合设计，要么只考虑了 FDD 系统的混合预编码设计，而没考虑导频和 CSI 反馈的设计，且这些方案均只针对窄带 MIMO 系统。总体来说，现有的基于深度学习的方案可以通过数据驱动的训练有效地提高系统性能，但对于 TDD 和 FDD 多用户宽带混合模-数架构大规模 MIMO-OFDM 系统，目前还没有统一的端到端深度学习框架。

对于传统的基于模型的通信模块设计方案，导频设计、信道估计、CSI 反馈和混合预编码被视为相互独立的模块分别进行优化。因此，对于混合模-数架构的大规模 MIMO-OFDM 系统，这些方案通常面临极高的 CSI 估计和反馈开销。同时，基于模型的方案所假设的理想先验信息与实际的不完美因素之间的不一致性将进一步降低性能。相比而言，数据驱动方案可以通过训练样本学习到丰富的先验 CSI，避免了传统方案对先验 CSI 假设的依赖，减少了导频和反馈开销。此外，文献 [169] 的最新研究表明，不同信号处理模块的联合优化可以获得更好的性能。因此，对于混合模-数架构的大规模 MIMO-OFDM 系统，本章提出利用数据驱动的深度学习信号处理范式，联合优化 TDD 系统和 FDD 系统的导频设计、信道估计、CSI 反馈和混合预编码，形成基于数据驱动深度学习的端到端通信系统。

7.2 基于端到端设计的智能通信系统

7.2.1 系统模型

本章考虑了一个多用户混合模-数架构大规模 MIMO-OFDM 系统，系统的传输模型如图 7.1 所示，其中，基站配备有 M 根天线的均匀平面天线阵列和一个有 K 个射频链路的全连接移相器网络。此外，本章考虑了基站可以并行服务 K 个单天线用户，并且采用了带有 N_c 个子载波的带循环前缀 OFDM 调制方式，每个子载波上传输 K 个数据流，每个用户接收其中一个数据流。在下行数据传输阶段，基站在第 $n(1 \leqslant n \leqslant N_c)$ 个载波上发送的信号矢量为

$$\boldsymbol{x}[n] = \sum_{k=1}^{K} \boldsymbol{F}_{\mathrm{RF}} \boldsymbol{f}_{\mathrm{BB}}[k,n] s[k,n] = \boldsymbol{F}_{\mathrm{RF}} \boldsymbol{F}_{\mathrm{BB}}[n] \boldsymbol{s}[n] \tag{7.1}$$

式中，$\boldsymbol{f}_{\mathrm{BB}}[k,n] \in \mathbb{C}^{K \times 1}$ 表示对应于第 k 个用户在第 n 个子载波上的基带数字预编码矢量；$\boldsymbol{F}_{\mathrm{BB}}[n] = [\boldsymbol{f}_{\mathrm{BB}}[1,n], \boldsymbol{f}_{\mathrm{BB}}[2,n], \cdots, \boldsymbol{f}_{\mathrm{BB}}[K,n]] \in \mathbb{C}^{K \times K}$ 是第 n 个子载波上对应于所有用户的基带数字预编码矩阵；$\boldsymbol{F}_{\mathrm{RF}} \in \mathbb{C}^{M \times K}$ 是射频模拟预编码矩阵；$s[k,n] \in \mathbb{C}$ 是在第 n 个子载波上发送给第 k 个用户的数据，并且 $\boldsymbol{s}[n] = [s[1,n], s[2,n], \cdots, s[K,n]]^{\mathrm{T}} \in \mathbb{C}^{K \times 1}$，其中，$\mathbb{E}\left(\boldsymbol{s}[n] \boldsymbol{s}^{\mathrm{H}}[n]\right) = \boldsymbol{I}_K$，因为本章假设了每个数据流功率的平均分配。此外，由于模拟预编码器是通过射频移相器网络实现的，模拟预编码矩阵应当满足恒模约束，即 $\left|[\boldsymbol{F}_{\mathrm{RF}}]_{i,j}\right| = 1, \forall i, j$。最

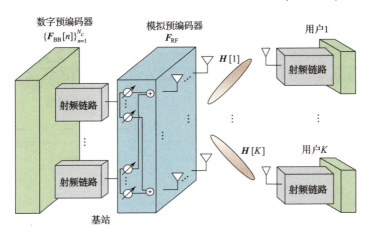

图 7.1 多用户混合模-数大规模 MIMO-OFDM 系统传输模型

(引用：吴铭晖. 毫米波混合 MIMO 系统基于深度学习的物理层传输 [D]. 北京：北京理工大学，2021.)

后，整个混合预编码器还应当满足功率约束，即 $\|\boldsymbol{F}_{\rm RF}\boldsymbol{F}_{\rm BB}[n]\|_F^2 \leqslant P_t$，其中，$P_t$ 是每个子载波上的发射功率限制。

在下行数据传输阶段，第 k 个用户在第 n 个子载波上接收到的信号可以被表示为

$$y[k,n] = \boldsymbol{h}^{\rm H}[k,n]\boldsymbol{F}_{\rm RF}\boldsymbol{f}_{\rm BB}[k,n]s[k,n] + \sum_{k'\neq k}\boldsymbol{h}^{\rm H}[k,n]\boldsymbol{F}_{\rm RF}\boldsymbol{f}_{\rm BB}[k',n]s[k',n] + z[k,n], \forall k \quad (7.2)$$

式中，$\boldsymbol{h}^{\rm H}[k,n]\in\mathbb{C}^{M\times 1}$ 表示在第 n 个子载波上基站和第 k 个用户之间的下行信道矢量；$z[k,n]\sim\mathcal{CN}(0,\sigma_n^2)$ 是复加性高斯白噪声。

对于信道矢量 $\boldsymbol{h}[k,n], \forall k,n$，本章考虑散体数量有限的下行链路大规模 MIMO-OFDM 系统，并考虑了典型的稀疏多径信道模型。假设基站和第 k 个用户之间的信道有 L_p 个多径分量，那么这个信道在延时域就可以被表示为

$$\tilde{\boldsymbol{h}}[k](\tau) = \frac{1}{\sqrt{L_p}}\sum_{l=1}^{L_p}\alpha_{l,k}\boldsymbol{a}_t(\theta_{l,k},\phi_{l,k})\delta(\tau-\tau_{l,k}) \quad (7.3)$$

式中，$\alpha_{l,k}$ 是第 l 条路径的复增益；$\theta_{l,k}$ 和 $\phi_{l,k}$ 分别是第 l 条路径的离开角中的俯仰角和方位角；$\boldsymbol{a}_t(\cdot)$ 是归一化的发送端阵列响应矢量。此外，通过延时域和频域的转换，基站和第 k 个用户之间的频域信道可以被表示为

$$\boldsymbol{h}[k,n] = \frac{1}{\sqrt{L_p}}\sum_{l=1}^{L_p}\alpha_{l,k}\boldsymbol{a}_t(\theta_{l,k},\phi_{l,k})\mathrm{e}^{-\mathrm{j}\frac{2\pi n\tau_{l,k}}{N_C T_s}} \quad (7.4)$$

式中，T_s 表示系统的采样时间间隔。

对于一个在 Oyz 平面上的均匀平面天线阵列，在 y 轴和 z 轴上分别有 N_y 和 N_z 个天线阵元，基站端的总天线数为 $M = N_y N_z$。在这种情况下，天线阵列响应矢量可以被表示为

$$\boldsymbol{a}_t(\theta,\phi) = \left[1,\cdots,\mathrm{e}^{\mathrm{j}\frac{2\pi}{\lambda}d(n\sin(\theta)\cos(\phi)+m\sin(\phi))},\cdots,\mathrm{e}^{\mathrm{j}\frac{2\pi}{\lambda}d(N_y\sin(\theta)\cos(\phi)+N_z\sin(\phi))}\right] \quad (7.5)$$

式中，$0\leqslant n < N_y$ 和 $0\leqslant m < N_z$ 分别是天线阵元的 y 轴和 z 轴索引；λ 和 d 分别表示波长和天线间隔并且 $d=\dfrac{\lambda}{2}$。

7.2.2 TDD 大规模 MIMO-OFDM 基于端到端设计的智能通信系统

本节介绍了本书所提出的 TDD 模式下多用户宽带混合模-数大规模 MIMO 通信系统的问题描述，并详细阐述了如何将 CSI 获取和预编码过程建模为端到端的神经网络。所提出的方案可以表述为如图 7.2 所示的端到端神经网络，该网络由一个导频传输网络和一个 TDD 混合预编码网络组成，网络训练阶段采用的损失函数为负和吞吐量。

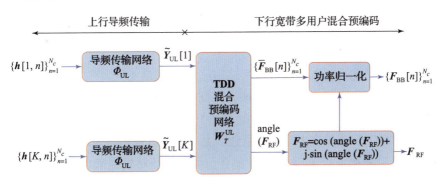

图 7.2 TDD 模式下基于深度学习的端到端模型总体框架[39]

7.2.2.1 问题描述

由于模拟预编码器是频率平坦的，而大规模 MIMO 信道是频率选择性的，因此，宽带大规模 MIMO 场景下，多用户混合预编码是具有挑战性的。在 TDD 系统中，由于信道存在互异性，基站可以通过上行导频训练获得 CSI，并进行下行混合预编码。在上行导频训练阶段，每个用户需要发送 Q 个时隙的 OFDM 导频符号。由于在上行导频训练阶段用户采用正交的导频，那么不同用户的导频就能够被基站区分出来，因此，基站在第 q 个 OFDM 导频时隙的第 n 个子载波上接收到的来自第 k 个用户的基带导频信号可以表示为

$$\tilde{\boldsymbol{y}}'_{\mathrm{UL}}[q,k,n] = \widetilde{\boldsymbol{W}}[q]\boldsymbol{h}[k,n]b[k,q,n] + \widetilde{\boldsymbol{W}}[q]\tilde{\boldsymbol{z}}'_{\mathrm{UL}}[q,k,n] \in \mathbb{C}^{K\times 1} \quad (7.6)$$

式中，$\tilde{\boldsymbol{z}}'_{\mathrm{UL}}[q,k,n] \sim \mathcal{CN}\left(0, \sigma_n^2 \mathbf{1}_M\right)$ 是复高斯白噪声；$\widetilde{\boldsymbol{W}} \in \mathbb{C}^{K\times M}$ 是基站端的上行合并矩阵；$b[k,q,n]$ 是用户发送的导频信号。由于上行合并矩阵是通过全连接移相器网络实现的，因此它满足恒模约束，即 $\left|\left[\widetilde{\boldsymbol{W}}\right]_{i,j}\right| = \sqrt{\dfrac{1}{M}}$。在接收到第 k 个用户的上行导频信号后，基站对其进一步处理得到

$$\tilde{\boldsymbol{y}}_{\mathrm{UL}}[q,k,n] = \tilde{\boldsymbol{y}}'_{\mathrm{UL}}[q,k,n]b^*[k,q,n] = \widetilde{\boldsymbol{W}}[q]\boldsymbol{h}[k,n] + \tilde{\boldsymbol{z}}_{\mathrm{UL}}[q,k,n] \in \mathbb{C}^{K\times 1} \quad (7.7)$$

式中，$b[q,n]b^*[q,n] = 1$ 并且 $\tilde{z}_{\mathrm{UL}}[q,k,n] = \widetilde{W}[q]\tilde{z}'_{\mathrm{UL}}[q,k,n]b^*[q,n] \in \mathbb{C}^{K \times 1}$。$Q$ 个 OFDM 导频时隙的总的接收导频 $\tilde{y}_{\mathrm{UL}}[k,n] \in \mathbb{C}^{QK \times 1}$ 可以被表示为

$$\tilde{y}_{\mathrm{UL}}[k,n] = \widetilde{W}h[k,n] + \tilde{z}_{\mathrm{UL}}[k,n] \tag{7.8}$$

式中，$\tilde{y}_{\mathrm{UL}}[k,n] = [\tilde{y}_{\mathrm{UL}}^{\mathrm{T}}[1,k,n], \tilde{y}_{\mathrm{UL}}^{\mathrm{T}}[2,k,n], \cdots, \tilde{y}_{\mathrm{UL}}^{\mathrm{T}}[Q,k,n]]^{\mathrm{T}}$；$\widetilde{W} = [\widetilde{W}^{\mathrm{T}}[1], \widetilde{W}^{\mathrm{T}}[2], \cdots, \widetilde{W}^{\mathrm{T}}[Q]]^{\mathrm{T}} \in \mathbb{C}^{QK \times M}$；$\tilde{z}_{\mathrm{UL}}[k,n] = [\tilde{z}_{\mathrm{UL}}^{\mathrm{T}}[1,k,n], \tilde{z}_{\mathrm{UL}}^{\mathrm{T}}[2,k,n], \cdots, \tilde{z}_{\mathrm{UL}}^{\mathrm{T}}[Q,k,n]]^{\mathrm{T}} \in \mathbb{C}^{QK \times 1}$。最终将所有子载波的接收导频信号合并在一起得到

$$\widetilde{Y}_{\mathrm{UL}}[k] = \widetilde{W}H[k] + \widetilde{Z}_{\mathrm{UL}}[k] \tag{7.9}$$

式中，$\widetilde{Y}_{\mathrm{UL}}[k] = [\tilde{y}_{\mathrm{UL}}[k,1], \tilde{y}_{\mathrm{UL}}[k,2], \cdots, \tilde{y}_{\mathrm{UL}}[k,N_c]] \in \mathbb{C}^{QK \times N_c}$；$H[k] = [h[k,1], h[k,2], \cdots, h[k,N_c]] \in \mathbb{C}^{M \times N_c}$ 表示空间域和频域的信道矩阵；$\widetilde{Z}_{\mathrm{UL}}[k] = [\tilde{z}_{\mathrm{UL}}[k,1], \tilde{z}_{\mathrm{UL}}[k,2], \cdots, \tilde{z}_{\mathrm{UL}}[k,N_c]] \in \mathbb{C}^{QK \times N_c}$。

由于 TDD 信道具有上下行互易性，上下行信道是相同的，因此，基站可以根据上行导频获得下行 CSI 并设计混合预编码。基站根据来自所有用户的接收导频信号设计下行多用户宽带混合预编码的过程可以被表示为

$$\{F_{\mathrm{RF}}, F_{\mathrm{BB}}[1], F_{\mathrm{BB}}[2], \cdots, F_{\mathrm{BB}}[N_c]\} = \mathcal{R}\left(\{\widetilde{Y}_{\mathrm{UL}}[1], \widetilde{Y}_{\mathrm{UL}}[2], \cdots, \widetilde{Y}_{\mathrm{UL}}[K]\}\right) \tag{7.10}$$

式中，函数 $\mathcal{R}(\cdot)$ 表示从来自所有用户的导频信号到混合预编码器的映射函数。混合预编码器包含两部分，分别是基带数字部分 $\{F_{\mathrm{BB}}[n]\}_{n=1}^{N_c}$ 和射频模拟部分 F_{RF}。

通过式 (7.2)，第 k 个用户在第 n 个子载波上的可达速率可以被表示成

$$R_{k,n} = \log_2\left(1 + \frac{\left|h^{\mathrm{H}}[k,n]F_{\mathrm{RF}}f_{\mathrm{BB}}[k,n]\right|^2}{\sum_{k' \neq k}\left|h^{\mathrm{H}}[k,n]F_{\mathrm{RF}}f_{\mathrm{BB}}[k',n]\right|^2 + \sigma_n^2}\right) \tag{7.11}$$

本章考虑以系统和速率作为设计指标，和速率可以被表示成

$$R = \frac{1}{N_c}\sum_{k=1}^{K}\sum_{n=1}^{N_c}R_{k,n} \tag{7.12}$$

基于以上处理过程，TDD 多用户大规模 MIMO-OFDM 系统上行导频训练和下行多用户混合预编码的联合设计问题可以被表示为

$$\underset{\widetilde{W}, \mathcal{R}(\cdot)}{\arg\max} \quad R = \frac{1}{N_c}\sum_{k=1}^{K}\sum_{n=1}^{N_c}\log_2\left(1 + \frac{\left|h^{\mathrm{H}}[k,n]F_{\mathrm{RF}}f_{\mathrm{BB}}[k,n]\right|^2}{\sum_{k' \neq k}\left|h^{\mathrm{H}}[k,n]F_{\mathrm{RF}}f_{\mathrm{BB}}[k',n]\right|^2 + \sigma_n^2}\right)$$

$$\text{s.t.} \quad \left\{\boldsymbol{F}_{\text{RF}}, \{\boldsymbol{F}_{\text{BB}}[n]\}_{n=1}^{N_c}\right\} = \mathcal{R}\left(\left\{\widetilde{\boldsymbol{Y}}_{\text{UL}}[k]\right\}_{k=1}^{K}\right)$$

$$\left|[\boldsymbol{F}_{\text{RF}}]_{i,j}\right| = 1, \forall i, j$$

$$\|\boldsymbol{F}_{\text{RF}}\boldsymbol{F}_{\text{BB}}[n]\|_F^2 \leqslant P_t, \forall n$$

$$\widetilde{\boldsymbol{Y}}_{\text{UL}}[k] = \widetilde{\boldsymbol{W}}\boldsymbol{H}[k] + \widetilde{\boldsymbol{Z}}[k], \forall k$$

$$\left|\left[\widetilde{\boldsymbol{W}}\right]_{i,j}\right| = \sqrt{\frac{1}{M}}, \forall i, j \tag{7.13}$$

7.2.2.2 上行导频传输

基站接收基带导频信号的过程 $\widetilde{\boldsymbol{y}}_{\text{UL}}[k,n] = \widetilde{\boldsymbol{W}}\boldsymbol{h}[k,n] + \widetilde{\boldsymbol{z}}_{\text{UL}}[k,n]$ 可以被建模为一个不带偏置的线性激活函数全连接层,以合并矩阵 $\widetilde{\boldsymbol{W}}$ 作为全连接层的权重,并在输出数据上叠加复高斯白噪声,以表示整个导频传输过程。由于本章考虑了模-数混合架构系统,合并矩阵 $\widetilde{\boldsymbol{W}}$ 需要满足恒模约束,即 $\left|\left[\widetilde{\boldsymbol{W}}\right]_{i,j}\right| = \frac{1}{\sqrt{M}}$。通常有两种方法来保证满足这个约束,第一种方法如图 7.3(a) 所示,将导频的实部和虚部作为可训练的参数并将其归一化到单位圆上,而本章采用的第二种方法如图 7.3(b) 所示,将合并矩阵的相位 $\boldsymbol{\Phi}_{\text{UL}}$ 作为可训练的参数,并将合并矩阵表示为

$$\widetilde{\boldsymbol{W}} = \frac{1}{\sqrt{M}}\mathrm{e}^{\mathrm{j}\boldsymbol{\Phi}_{\text{UL}}} = \frac{1}{\sqrt{M}}(\cos(\boldsymbol{\Phi}_{\text{UL}}) + \mathrm{j}\sin(\boldsymbol{\Phi}_{\text{UL}})) \tag{7.14}$$

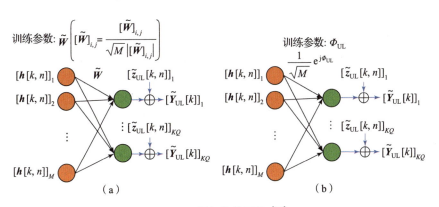

图 7.3 导频传输网络[39]

(a) 直接以合并矩阵作为可训练参数并将其每个元素归一化; (b) 以合并矩阵相位作为可训练参数

式中,$\mathrm{j} = \sqrt{-1}$;$\boldsymbol{\Phi}_{\text{UL}}$ 的每一个元素代表合并矩阵 $\widetilde{\boldsymbol{W}}$ 中相应元素的相位。本章将导频的相位作为可训练参数,并通过正弦函数和余弦函数获得导频的实部和虚

部，以满足恒模约束。相比于第一种方法，本章采用的第二种方法所需要的训练参数和常数约束更少。

7.2.2.3 下行宽带多用户混合预编码

基站需要根据来自所有用户的基带接收导频信号获取 CSI 并进行混合预编码操作，本章将其建模为如图 7.4 所示的 TDD 混合预编码网络。由于毫米波信道的频率选择性特性，接收导频信号 $\widetilde{Y}_{\text{UL}}[k]$ 在频域也具有相关性。此外，由于毫米波信道的延时域具有稀疏特性，可以认为导频信号 $\widetilde{Y}_{\text{DL}}[k]$ 同样也在延时域具有稀疏性，因此，TDD 混合预编码网络首先将频域的基带接收导频信号 $\widetilde{Y}_{\text{UL}}[k]$ 使用 DFT 变换到延时域

$$Y_{\text{UL}}[k] = F\widetilde{Y}_{\text{DL}}^{\text{H}}[k] \tag{7.15}$$

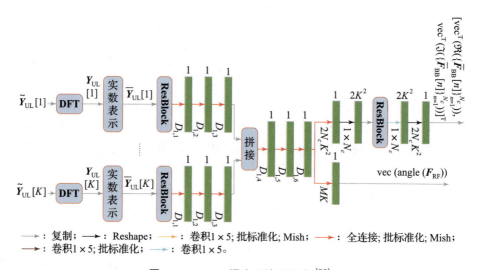

图 7.4 TDD 混合预编码网络 [39]

式中，$Y_{\text{UL}}[k] \in \mathbb{C}^{N_c \times Q}$ 是延时域基带接收导频信号；$F \in \mathbb{C}^{N_c \times N_c}$ 是一个 N_c 点的 DFT 矩阵。由于 $Y_{\text{UL}}[k]$ 具备延时域的稀疏性和局部相关特性，神经网络的局部连接例如卷积层可以有效地利用这种特性。由于神经网络通常只能进行实数操作，本章将延时域基带接收导频 $Y_{\text{UL}}[k]$ 表示成一个维度为 $2Q \times 1 \times N_c$ 的实数矩阵

$$\begin{cases} \bar{Y}_{\text{UL}}[k] \in \mathbb{R}^{2KQ \times 1 \times N_c} \\ [\bar{Y}_{\text{UL}}[k]]_{[1:KQ,:,:]} = \Re\{Y_{\text{UL}}^{\text{T}}[k]\} \\ [\bar{Y}_{\text{UL}}[k]]_{[KQ+1:2KQ,:,:]} = \Im\{Y_{\text{UL}}^{\text{T}}[k]\} \end{cases} \tag{7.16}$$

直接将所有的基带接收导频合并会导致网络的输入数据特征维度过大，难以

进行训练，因此，TDD 混合预编码网络首先使用一系列网络层对来自各个用户的基带接收导频分别进行特征提取并压缩成一个低维的数据流，然后将它们合并成一个整体进行进一步的操作。为了在延时域中提取所接收的导频信号的局部相关性，TDD 混合预编码网络主要采用了一维卷积来对导频信号的延时域进行特征提取，并将每个卷积层的卷积核大小设置为 1×5。$Y_{\text{DL}}[k]$ 首先被馈送到图 7.5 所示的 "ResBlock 单元" 中，以进行主要特征提取。每个 ResBlock 都有四层，第一层是输入层，第二层和第三层是卷积层，分别具有 C_1 和 C_2 个卷积核，最后一层也是卷积层，并且卷积和数量与输入层数据的特征映射数一致。每个卷积层采用适当的零填充，以使输入特征图的尺寸 $1 \times N_c$ 不会被卷积层更改。此外，本章引入了残差连接，将 ResBlock 输入层数据流直接与 ResBlock 中的第四层输出数据相加。该方法是从深度残差网络中引入的，当神经网络层数较大时，该方法可以避免由多个非线性变换的叠加引起的梯度消失问题。经过 ResBlock 后，TDD 混合预编码网络使用三个神经元数量分别为 $D_{1,1}$、$D_{1,2}$ 和 $D_{1,3}$ 的全连接层将来自各个用户的基带接收导频信号分别压缩成维度为 $D_{1,3}$ 的数据流，并将所有的数据流合并起来。TDD 混合预编码网络将合并后的数据流经过 4 个全连接层，其神经元数量分别为 $D_{1,4}$、$D_{1,5}$、$D_{1,6}$ 和 $2N_cK^2 + MK$。第四个全连接层的输出分为两部分：一部分是矢量化的模拟预编码矩阵的相位 $\text{vec}(\text{angle}(\boldsymbol{F}_{\text{RF}})) \in \mathbb{R}^{MK \times 1}$；其余部分被馈入一个 ResBlock，以获得由数字预编码矩阵的实部和虚部组成的向量。最后，TDD 混合预编码网络将这两部分组合在一起输出，可以写成

$$\boldsymbol{v} = \left[\text{vec}^{\text{T}}\left(\Re\left\{\{\overline{\boldsymbol{F}}_{\text{BB}}[n]\}_{n=1}^{N_c}\right\}\right), \text{vec}^{\text{T}}\left(\Im\left\{\{\overline{\boldsymbol{F}}_{\text{BB}}[n]\}_{n=1}^{N_c}\right\}\right), \text{vec}^{\text{T}}\left(\text{angle}\left(\boldsymbol{F}_{\text{RF}}\right)\right)\right]^{\text{T}}$$
$$= \mathcal{R}\left(q; \boldsymbol{W}_T^{\text{UL}}\right) \in \mathbb{R}^{(2K^2N_c + MK) \times 1} \tag{7.17}$$

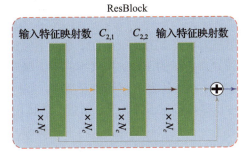

图 7.5　ResBlock 单元 [39]

式中，$\mathcal{R}(\cdot)$ 是 TDD 混合预编码网络的输入和输出之间的映射函数；$\boldsymbol{W}_T^{\mathrm{UL}}$ 是 TDD 混合预编码网络的可学习参数集合。TDD 混合预编码网络在每个隐藏层后使用 Mish 非线性激活函数。为了加快网络的收敛速度并缓解过拟合，每个隐藏层和激活函数之间都引入了批标准化层。

TDD 混合预编码网络将合并矩阵的相位作为输出，以满足恒模约束而不是获取实部和虚部再归一化，这能够减少所需要训练的参数和常数约束的数量。通过 TDD 混合预编码网络获得的数字预编码矩阵和模拟预编码矩阵可以被表示为

$$\{\overline{\boldsymbol{F}}_{\mathrm{BB}}[n]\}_{n=1}^{N_c} = \Re\left\{\{\overline{\boldsymbol{F}}_{\mathrm{BB}}[n]\}_{n=1}^{N_c}\right\} + \mathrm{j} \cdot \Im\left\{\{\overline{\boldsymbol{F}}_{\mathrm{BB}}[n]\}_{n=1}^{N_c}\right\} \tag{7.18a}$$

$$\boldsymbol{F}_{\mathrm{RF}} = \cos\left(\mathrm{angle}(\boldsymbol{F}_{\mathrm{RF}})\right) + \mathrm{j} \cdot \sin\left(\mathrm{angle}(\boldsymbol{F}_{\mathrm{RF}})\right) \tag{7.18b}$$

最后需要对数字预编码器施加功率限制，可以表达为

$$\boldsymbol{F}_{\mathrm{BB}}[n] = \min(\sqrt{P_t}, \|\boldsymbol{F}_{\mathrm{RF}}\overline{\boldsymbol{F}}_{\mathrm{BB}}[n]\|_F) \frac{\overline{\boldsymbol{F}}_{\mathrm{BB}}[n]}{\|\boldsymbol{F}_{\mathrm{RF}}\overline{\boldsymbol{F}}_{\mathrm{BB}}[n]\|_F} \tag{7.19}$$

本章提出的神经网络主要采用了卷积层来利用频域和延迟域的相关性，使网络具有更好的泛化能力来缓解过度拟合。卷积层稀疏连接和权重共享的特性也使本章提出的网络在具有多个子载波的 OFDM 系统中获得较好的性能。本章中提出的 TDD 系统下的深度学习端到端模型的可训练参数包括上行合并矩阵的相位 $\boldsymbol{\Phi}_{\mathrm{UL}}$ 和 TDD 混合预编码网络的可训练参数集合 $\boldsymbol{W}_T^{\mathrm{UL}}$。最终将上文提到的导频传输网络和 TDD 混合预编码网络按照图 7.2 所示的总体结构连接为一个整体的端到端的深度学习模型，以和速率最大化为优化目标，通过数据驱动的端到端联合训练，以获得所需要的可训练参数。

7.2.3　FDD 大规模 MIMO-OFDM 基于端到端设计的智能通信系统

本节将 TDD 多用户大规模 MIMO-OFDM 系统下的深度学习端到端模型进行了扩展，提出了如图 7.6 所示的 FDD 模式下的基于深度学习端到端模型总体框架。由于在 FDD 系统并不具备上下行信道互易性，下行 CSI 先需要由用户通过下行导频获取，再被反馈给基站。因此，本节进一步提出了一个导频反馈网络，以在用户端对导频进行量化并反馈给基站，并将下行导频、上行 CSI 反馈和多用户混合预编码联合建模为一个端到端的神经网络。FDD 模式下的深度学习端到端模型由导频传输网络、导频反馈网络和 FDD 混合预编码网络组成。

第 7 章 端到端通信系统设计

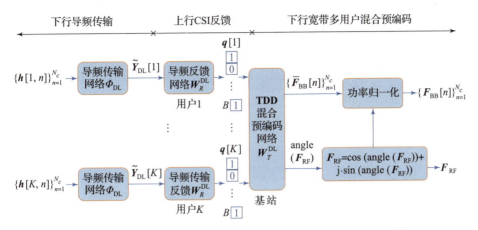

图 7.6 FDD 模式下的基于深度学习的端到端模型总体框架[39]

7.2.3.1 问题描述

在 FDD 系统中，下行 CSI 首先由用户通过下行导频获取，随后用户将提取的下行 CSI 进行压缩量化并反馈给基站。在下行导频训练阶段，基站首先需要发送 Q 个时隙的导频 OFDM 符号。在第 q 个 OFDM 符号的第 n 个子载波上，基站发送的导频信号可以被表示为 $\tilde{x}[q]g[q,n] \in \mathbb{C}^{M \times 1}$。其中，$\tilde{x}[q] \in \mathbb{C}^{M \times 1}$ 是射频导频信号，$g[q,n] \in \mathbb{C}$ 是基带导频信号，则第 k 个用户接收到的导频信号可以表示为

$$\tilde{y}'_{\text{DL}}[q,k,n] = \boldsymbol{h}^{\text{H}}[k,n]\tilde{\boldsymbol{x}}[q]g[q,n] + \tilde{z}'_{\text{DL}}[q,k,n] \in \mathbb{C} \quad (7.20)$$

式中，$\tilde{z}'_{\text{DL}}[q,k,n] \sim \mathcal{CN}(0,\sigma_n^2)$ 是复高斯白噪声。在接收到导频信号 $\tilde{y}'_{\text{DL}}[q,k,n]$ 后，第 k 个用户对其进行进一步处理得到

$$\tilde{y}_{\text{DL}}[q,k,n] = \tilde{y}'_{\text{DL}}[q,k,n]g^*[q,n] = \boldsymbol{h}^{\text{H}}[k,n]\tilde{\boldsymbol{x}}[q] + \tilde{z}_{\text{DL}}[q,k,n] \quad (7.21)$$

式中，$g[q,n]g^*[q,n] = 1$；$\tilde{z}_{\text{DL}}[q,k,n] = \tilde{z}'_{\text{DL}}[q,k,n]g^*[q,n]$。由于本章采用了全连接的混合模-数架构预编码系统，基站端发送的导频被分为基带导频信号和射频导频信号，其中，射频导频信号需要满足移相器的恒模约束 $|[\tilde{\boldsymbol{x}}]_i| = \sqrt{\dfrac{P_t}{M}}$。通过将接收到的 Q 个时隙的导频 OFDM 符号合并在一起，第 k 个用户在第 n 个子载波上接收到的总的导频信号可以被表示为

$$\tilde{\boldsymbol{y}}_{\text{DL}}[k,n] = \widetilde{\boldsymbol{X}}\boldsymbol{h}[k,n] + \tilde{\boldsymbol{z}}_{\text{DL}}[k,n] \quad (7.22)$$

式中，$\tilde{\boldsymbol{y}}_{\rm DL}[k,n] = [\tilde{y}_{\rm DL}[1,k,n], \tilde{y}_{\rm DL}[2,k,n], \cdots, \tilde{y}_{\rm DL}[Q,k,n]] \in \mathbb{C}^{Q \times 1}$；$\widetilde{\boldsymbol{X}} = [\tilde{\boldsymbol{x}}[1], \tilde{\boldsymbol{x}}[2], \cdots, \tilde{\boldsymbol{x}}[Q]]^{\rm H} \in \mathbb{C}^{Q \times M}$；$\tilde{\boldsymbol{z}}_{\rm DL}[k,n] = [\tilde{z}_{\rm DL}[1,k,n], \tilde{z}_{\rm DL}[2,k,n], \cdots, \tilde{z}_{\rm DL}[Q,k,n]]^{\rm H} \in \mathbb{C}^{Q \times 1}$。通过收集并合并所有子载波上接收到的导频信号，第 k 个用户可以得到总的接收导频信号

$$\widetilde{\boldsymbol{Y}}_{\rm DL}[k] = \widetilde{\boldsymbol{X}} \boldsymbol{H}[k] + \widetilde{\boldsymbol{Z}}_{\rm DL}[k] \tag{7.23}$$

式中，$\widetilde{\boldsymbol{Y}}_{\rm DL}[k] = [\tilde{\boldsymbol{y}}_{\rm DL}[k,1], \tilde{\boldsymbol{y}}_{\rm DL}[k,2], \cdots, \tilde{\boldsymbol{y}}_{\rm DL}[k,N_c]]^{\rm H} \in \mathbb{C}^{Q \times N_c}$；$\widetilde{\boldsymbol{Z}}_{\rm DL}[k] = [\tilde{\boldsymbol{z}}_{\rm DL}[k,1], \tilde{\boldsymbol{z}}_{\rm DL}[k,2], \cdots, \tilde{\boldsymbol{z}}_{\rm DL}[k,N_c]] \in \mathbb{C}^{Q \times N_c}$。

在上行 CSI 反馈阶段，考虑用户从接收到的导频信号 $\widetilde{\boldsymbol{Y}}_k$ 提取出有用的信息并将其量化成 B 比特以反馈给基站，这个过程可以表示为

$$\boldsymbol{q}[k] = \mathcal{Q}(\widetilde{\boldsymbol{Y}}_{\rm DL}[k]) \in \mathbb{R}^{B \times 1} \tag{7.24}$$

式中，$\boldsymbol{q}[k]$ 是第 k 个用户反馈给基站的比特矢量；量化器 $\mathcal{Q}(\cdot)$ 是一个从接收导频信号 $\widetilde{\boldsymbol{Y}}_{\rm DL}[k]$ 到反馈比特矢量 $\boldsymbol{q}[k]$ 的映射函数。

考虑基站在进行混合预编码时需要同时服务 K 个用户的情况，基站需要根据来自所有用户的总反馈比特矢量 $\boldsymbol{q} = [\boldsymbol{q}[1]^{\rm T}, \boldsymbol{q}[2]^{\rm T}, \ldots, \boldsymbol{q}[K]^{\rm T}]^{\rm T} \in \mathbb{R}^{KB \times 1}$ 设计一个宽带多用户混合预编码器，这个过程可以被表示为

$$\{\boldsymbol{F}_{\rm RF}, \boldsymbol{F}_{\rm BB}[1], \boldsymbol{F}_{\rm BB}[2], \cdots, \boldsymbol{F}_{\rm BB}[N_c]\} = \mathcal{P}(\boldsymbol{q}) \tag{7.25}$$

式中，函数 $\mathcal{P}(\cdot)$ 表示从总反馈比特矢量到混合预编码器的映射函数。

基于以上的处理过程和式 (7.12) 的最大化和速率优化目标，FDD 多用户大规模 MIMO-OFDM 系统下行导频、上行 CSI 反馈和下行多用户混合预编码的联合设计问题可以被表示为

$$\begin{aligned}
&\underset{\widetilde{\boldsymbol{X}}, \mathcal{Q}(\cdot), \mathcal{P}(\cdot)}{\arg\max} \quad R = \frac{1}{N_c} \sum_{k=1}^{K} \sum_{n=1}^{N_c} \log_2 \left(1 + \frac{\left|\boldsymbol{h}^{\rm H}[k,n] \boldsymbol{F}_{\rm RF} \boldsymbol{f}_{\rm BB}[k,n]\right|^2}{\sum_{k' \neq k} \left|\boldsymbol{h}^{\rm H}[k,n] \boldsymbol{F}_{\rm RF} \boldsymbol{f}_{\rm BB}[k',n]\right|^2 + \sigma_n^2}\right) \\
&\text{s.t.} \quad \left\{\boldsymbol{F}_{\rm RF}, \{\boldsymbol{F}_{\rm BB}[n]\}_{n=1}^{N_c}\right\} = \mathcal{P}(\boldsymbol{q}) \\
&\qquad \boldsymbol{q}[k] = \mathcal{Q}\left(\widetilde{\boldsymbol{Y}}[k]\right), \forall k \\
&\qquad \left|[\boldsymbol{F}_{\rm RF}]_{i,j}\right| = 1, \forall i, j \\
&\qquad \|\boldsymbol{F}_{\rm RF} \boldsymbol{F}_{\rm BB}[n]\|_F^2 \leqslant P_t, \forall n
\end{aligned}$$

$$\widetilde{Y}_{\text{DL}}[k] = \widetilde{X}H[k] + \widetilde{Z}[k], \forall k$$

$$\left|\left[\widetilde{X}\right]_{i,j}\right| = \sqrt{\frac{P_t}{M}}, \forall i, j \tag{7.26}$$

相比之下，传统方法通常将下行链路多用户传输分解为信道估计、信道反馈和混合预编码问题，这会造成一定的性能损失。联合设计导频、反馈和混合预编码有望实现更好的性能，但是如何解决具有复杂约束和大量变量的这种优化问题是具有挑战性的。

7.2.3.2 下行导频

在下行导频训练阶段，导频传输的过程 $\tilde{y}_{\text{DL}}[k,n] = \widetilde{X}h[k,n] + \tilde{z}_{\text{DL}}[k,n]$ 同样可以用如图 7.3(b) 所示的导频传输网络建模，并用发送导频信号 $\widetilde{X}$ 的相位矩阵 $\boldsymbol{\Phi}_{\text{DL}}$ 代替 $\boldsymbol{\Phi}_{\text{UL}}$ 作为可训练参数。发送导频可以被表示为

$$\widetilde{X} = \sqrt{\frac{P_t}{M}} e^{j\boldsymbol{\Phi}_{\text{DL}}} = \sqrt{\frac{P_t}{M}}(\cos(\boldsymbol{\Phi}_{\text{DL}}) + j\sin(\boldsymbol{\Phi}_{\text{DL}})) \tag{7.27}$$

式中，$\boldsymbol{\Phi}_{\text{DL}}$ 的每一个元素代表发送导频矩阵 $\widetilde{X}$ 中相应元素的相位。

7.2.3.3 上行 CSI 反馈

为了不失一般性，考虑第 k 个用户的上行 CSI 反馈过程，第 k 个用户需要将接收到的导频信号 $\widetilde{Y}_{\text{DL}}[k]$ 压缩为 B 比特以反馈给基站。可以将这个过程用如图 7.7 所示的导频反馈网络建模。导频反馈网络首先将接收频域导频通过 DFT 变换为延时域接收导频信号

$$Y_{\text{DL}}[k] = F\widetilde{Y}_{\text{DL}}^{\text{H}}[k] \tag{7.28}$$

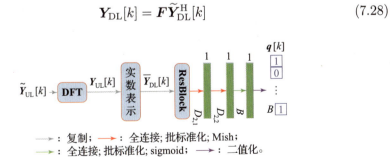

图 7.7 导频反馈网络建模[39]

式中，$Y_{\text{DL}}[k] \in \mathbb{C}^{N_c \times Q}$ 是延时域接收导频信号。随后，导频反馈网络将延时域导频信号表示成维度为 $2Q \times 1 \times N_c$ 实数矩阵

$$\begin{cases} \bar{\boldsymbol{Y}}_{\mathrm{DL}}[k] \in \mathbb{R}^{2Q \times 1 \times N_c}, \\ \left[\bar{\boldsymbol{Y}}_{\mathrm{DL}}[k]\right]_{[1:Q,:,:]} = \Re\{\boldsymbol{Y}_{\mathrm{DL}}^{\mathrm{T}}[k]\}, \\ \left[\bar{\boldsymbol{Y}}_{\mathrm{DL}}[k]\right]_{[Q+1:2Q,:,:]} = \Im\{\boldsymbol{Y}_{\mathrm{DL}}^{\mathrm{T}}[k]\}. \end{cases} \quad (7.29)$$

与上文提出的 FDD 混合预编码网络相似,导频反馈网络也主要采用一维卷积提取导频延时域的稀疏特征。如图 7.7 所示,导频网络将延时域接收导频信号 $\boldsymbol{Y}_{\mathrm{DL}}[k]$ 送入一个 ResBlock 及两个神经元数量分别为 $D_{2,1}$ 和 $D_{2,2}$ 的全连接层进行特征提取。最后导频反馈网络采用一个输出全连接层将数据流维度压缩为 B。在输出层中,导频反馈网络使用 sigmoid 函数并从中减去 0.5,以将输出限制在 $[-0.5, 0.5]$,然后通过符号函数 sgn($\cdot$) 将它们转换为双极化的 B 反馈比特,最终将 B 比特反馈给基站。用户 k 的反馈比特矢量可以表示为

$$\boldsymbol{q}[k] = \mathcal{Q}(\tilde{\boldsymbol{Y}}_{\mathrm{DL}}[k]; \boldsymbol{W}_R^{\mathrm{DL}}) \quad (7.30)$$

式中,$\boldsymbol{W}_R^{\mathrm{DL}}$ 是导频反馈网络可学习参数的集合;$\boldsymbol{q}[k]$ 是第 k 个用户的反馈比特矢量;$\mathcal{Q}(\cdot)$ 表示用户端导频反馈网络的输入和输出之间的映射函数。本章假设了不同的用户的信道服从独立同分布,因此所有用户的导频反馈网络都是使用相同的权重 $\boldsymbol{W}_R^{\mathrm{DL}}$。

用户端导频反馈网络输出层的激活函数为 sigmoid($\cdot$)、量化函数为 sign($\cdot$)。作为不连续函数,sign($\cdot$) 没有导数,因此无法进行梯度传递,导频反馈网络将量化函数的梯度设置为 1,以便于梯度的反向传播。

7.2.3.4 下行宽带多用户混合预编码

本章假设用户和基站之间可以进行无错误的比特反馈,基站需要通过来自所有用户的反馈比特矢量来设计混合预编码器。本章采用了如图 7.8 所示的 FDD 混合预编码网络对这个过程进行了建模。FDD 混合预编码网络的输入是总反馈比特矢量 $\boldsymbol{q} = [\boldsymbol{q}[1]^{\mathrm{T}}, \boldsymbol{q}[2]^{\mathrm{T}}, \cdots, \boldsymbol{q}[K]^{\mathrm{T}}]^{\mathrm{T}}$。FDD 混合预编码网络的前四层是四个神经元数量分别为 $D_{2,3}$、$D_{2,4}$、$D_{2,5}$ 和 $2N_c K^2 + MK$ 的全连接层。第四个全连接层的输出分为两部分:第一部分作为模拟预编码矩阵的相位 $\mathrm{vec}(\mathrm{angle}(\boldsymbol{F}_{\mathrm{RF}})) \in \mathbb{R}^{MK \times 1}$ 输出;FDD 混合预编码网络将第二部分通过一个 ResBlock 得到数字预编码矩阵的实部和虚部。上述过程可以被表示为

$$\begin{aligned} \boldsymbol{v} &= \left[\mathrm{vec}^{\mathrm{T}}\left(\Re\left\{\{\overline{\boldsymbol{F}}_{\mathrm{BB}}[n]\}_{n=1}^{N_c}\right\}\right), \mathrm{vec}^{\mathrm{T}}\left(\Im\left\{\{\overline{\boldsymbol{F}}_{\mathrm{BB}}[n]\}_{n=1}^{N_c}\right\}\right), \mathrm{vec}^{\mathrm{T}}\left(\mathrm{angle}\left(\boldsymbol{F}_{\mathrm{RF}}\right)\right)\right]^{\mathrm{T}} \\ &= \mathcal{P}\left(q; \boldsymbol{W}_T^{\mathrm{DL}}\right) \in \mathbb{R}^{(2K^2 N_c + MK) \times 1} \end{aligned} \quad (7.31)$$

式中，$\mathcal{P}(\cdot)$ 是 FDD 混合预编码网络的输入和输出之间的映射函数；$\boldsymbol{W}_T^{\mathrm{DL}}$ 是 FDD 混合预编码网络的可学习参数的集合。最终 FDD 混合预编码网络通过式 (7.18) 和式 (7.19) 的过程得到功率归一化的复数形式模拟预编码矩阵和数字预编码矩阵。

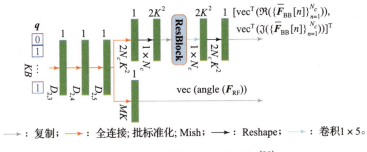

图 7.8 FDD 混合预编码网络[39]

FDD 系统下的深度学习端到端模型的可训练参数包括下行导频的相位矩阵 $\boldsymbol{\Phi}_{\mathrm{DL}}$、导频反馈网络的可训练参数集 $\boldsymbol{W}_R^{\mathrm{DL}}$ 和 FDD 混合预编码网络的可训练参数集 $\boldsymbol{W}_T^{\mathrm{DL}}$。最终将上文提出的导频传输网络、导频反馈网络和 FDD 混合预编码网络按照图 7.6 所示的总体结构连接为端到端的深度学习模型，并对它们进行联合端到端的数据驱动的训练，以获得所需的可训练参数。

7.2.3.5 移相器量化

在以上系统中，本章考虑了连续相位的移相器。在混合模-数架构 MIMO-OFDM 系统中，移相器网络的硬件成本和功耗开销占了总开销的很大一部分。而移相器的功耗开销会随着它的位宽而呈现指数级上升，因此，在实际中采用高分辨率的移相器网络会带来较高的硬件成本和功耗开销，而采用较低分辨率的移相器成为一个较好的解决方法，实际中也更常采用低分辨率的移相器组成移相器网络。本章同样考虑了低分辨率的移相器。在本章的端到端神经网络中，有两个地方需要离散化，第一个是发送导频的相位，第二个是模拟预编码矩阵的相位，因为它们都是通过全连接移相器网络生成的，所以都会受到移相器相位离散化的影响。如图 7.9 所示，本章引入了额外的量化层来离散化移相器的相位，并且将相位均匀离散化为 B_{phase} 比特，相位的量化间隔为 $1/2^{B_{\mathrm{phase}}}$。

量化层是不连续的，因此不具备梯度，为了在训练阶段在量化层中传递梯度，本章仍然将离散化过程的梯度设置为 1，以便训练过程中梯度的反向传播。此外，为了更快地训练在不同移相器分辨率下的端到端神经网络，本章使用了迁移学习方法。如果已经在一个领域或场景下学习到有用的模型，此时有另一个与之前的领域不同但是具有一定相关性的领域也需要学习一个模型，当模型比较复杂或者

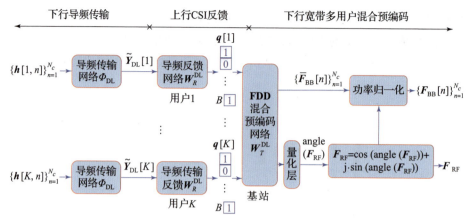

图 7.9 FDD 系统下，考虑有限分辨率移相器的基于
深度学习的端到端模型总体框架[39]

需要学习的数据量非常庞大时，从头学习新的模型需要付出非常大的代价，这种情况下迁移学习能够发挥重要的作用。迁移学习的主要目的就是将一个领域或场景下学习到的有用模型或知识信息应用到另一个相关领域中。预训练和权重微调是深度学习与迁移学习相结合中的重要技巧，它的主要思想就是在已经有了一个领域的预训练模型的情况下，用这个模型的一部分权重参数初始化在新的相关领域中还未经训练的模型，以利用两个领域共有的信息，然后进行训练微调，以使模型适应新的领域。本章先训练一个基于连续相位移相器的网络，然后利用该网络的权重初始化基于离散相位移相器的网络，再对其进行训练，这可以显著加快对基于离散相位移相器的网络的训练。在仿真中，也可以发现在移相器分辨率较低时，通过迁移学习方式训练的离散相位移相器模型收敛速度较快，而直接对离散相位移相器的端到端网络进行训练则难以收敛，这主要是因为在初始训练阶段网络还未学习到有效的信息，低分辨率移相器的较大的相位间隔导致训练阶段每次更新参数都会发生较大的震荡，从而导致网络难以收敛。

在训练阶段，本章将移相器的相位离散化引入了神经网络。因此，神经网络可以学习并减少量化误差引起的性能损失，从而获得更好的性能。

7.2.3.6 训练策略与泛化能力

网络的泛化能力至关重要。如果网络在一组系统参数下训练，在另一组系统参数下测试，则性能将会变差。在本章的系统中，最终的频谱效率性能会受信道中路径数量的影响。当信道路径数量增加时，用户需要反馈的信道稀疏参数的数量也会增加。如果不增加反馈位，系统性能会随着信道路径数量的增加而下降，因此本章中的系统性能对于信道多径数量是敏感的。在固定数量的信道路径下训练的网络通常可以在指定数量的信道路径下获得更好的性能。然而，在实际系统中，信道的路径数量通常不是固定的。在实际部署网络时，信道路径的数量可能不同于训练阶段的信道样本，这会导致性能变差。如果想在新的信道路径数下工作，需要训练一个新的网络。如果为每条路径训练一个神经网络，所需的存储开销也会显著增加，大大增加了用户设备的负担。此外，在信道估计之前通常很难提前获得信道路径的数量，并且信道路径的数量通常是在特定范围内随机变化的。因此，为固定数量的路径训练神经网络是不合理的。为了解决这个问题，训练集的每个信道样本数据的路径数应该在一个范围内随机分布，以便使神经网络在训练阶段能学习到具有不同路径数的信道的特征。这种训练方法可以增强神经网络的泛化能力，使本章提出的网络可以在多种不同路径数的信道下更好地工作，并减少了需要存储的网络参数。

此外，对于信噪比变化的情况，实际系统中信噪比也是会动态发生变化的，如果只针对一种特定信噪比训练网络，那么网络也只能够在一种信噪比下获得较好的性能。如果对每一种信噪比都训练一个网络，并根据实际检测到的信噪比切换网络，则会导致过大模型存储开销。同样可以采用上文的策略，通过在训练样本中加入不同信噪比的噪声，使神经网络能够适应多种信噪比的环境，获得了更高的噪声鲁棒性。神经网络能够通过数据驱动的大量不同信噪比的样本的学习，学习到信道的特征和不同信噪比下的噪声的特征，起到了抗噪声的作用。

对于用户数量频繁变化的情况，由于假设不同用户的信道是独立同分布的，在训练完成后的部署阶段，所有用户都会部署同一个网络。因此，当用户数发生改变时，不需要训练更多的用户端网络。本章认为，用户的反馈方案只会受到信道本身的特性影响，用户数量的变化并没有改变每个用户自身信道的分布特性，因此用户端网络不会受到用户数量 K 的影响，只需要在用户数量为 $K=1$ 的情况下训练用户端导频反馈网络，并直接将其应用在用户数量不同的系统中。这种方法使用户端的模型存储开销大大下降，只需要训练一个网络，即使基站服务的用户数量发生了变化，用户也不需要切换各自的神经网络。当用户数量 K 发生变化时，不需要重新训练用户端网络，但是对于基站端混合预编码网络来说，由于输出混合预编码器的维度发生了变化，神经网络的维数也发生变化，需要在用户数量 K 发生变化时对其进行重新训练。

对于不同反馈比特的情况，当系统的上行资源分配发生改变时，有可能给用户分配的反馈比特数量也会发生改变，而针对一种特定反馈比特数量训练的网络通常无法在不同的反馈比特数下工作，因为用户端导频反馈网络的输出维度和基站端混合预编码网络的输入维度已经发生了改变。在这种情况下，仍然可以使用迁移学习的思想，第一种方式是当反馈比特数发生改变后，只改变基于原先反馈比特数的网络的用户端网络最后一层输出层的维度和基站端网络的一层输入层的维度,而其他层维度都保持不变并且权重参数也保持不变,只训练维度发生改变的两个层的权重。这种方式能够有效是因为网络的其他部分已经有效地提取了信道信息,不需要对其进行改动,只需要更改用户端网络的输出层维度和基站端网络的输入层维度,以将这些信道信息在不同的压缩比下利用,这样每当比特数改变后,只需要重新优化这两层的权重即可。第二种方式是首先在不考虑反馈量化的情况下训练一个端到端的神经网络作为预训练模型,然后根据反馈比特数的分配,在用户端网络的输出层之后添加相应的量化层,并在基站端输入层之前加入相应的反量化层,最后对网络进行训练微调。这两种基于迁移学习的方式都能够在反馈比特数发生改变的情况下,以更快的速度微调网络使网络能够适应新的反馈比特数。

7.2.4 基于 RSMA 的端到端智能通信系统

RSMA 作为一种强大的非正交传输方法已获得认可。在此方法中,数据流被分为公共部分和私有部分,从而在存在不完美 CSI 的情况下增强了多用户传输的鲁棒性。本节将上述端到端通信系统与 RSMA 结合起来。

7.2.4.1 问题描述

在 RSMA 通信系统中,传输数据被分为公共部分 $s_c[n]$ 和私有部分 $s[k,n]$。传输过程可以表示为

$$y[k,n] = \boldsymbol{h}[k,n]^{\mathrm{H}} \boldsymbol{F}_{\mathrm{RF}} \boldsymbol{F}_{\mathrm{BB}}[n] \boldsymbol{s}[n] + z[k,n] \tag{7.32}$$

式中,$y[k,n] \in \mathbb{C}$ 是第 k 个 UE 在第 n 个子载波上接收的信号;$\boldsymbol{s}[n] = [s_c[n]^H, s[1,n]^H, \cdots, s[K,n]^H]^H \in \mathbb{C}^{(K+1) \times 1}$ 是传输数据流;$\boldsymbol{F}_{\mathrm{RF}} \in \mathbb{C}^{M \times K}$ 是射频模拟波束成形器;$\boldsymbol{F}_{\mathrm{BB}}[n] = [\boldsymbol{f}_{\mathrm{BB},c}[n], \boldsymbol{f}_{\mathrm{BB}}[1,n], \cdots, \boldsymbol{f}_{\mathrm{BB}}[K,n]] \in \mathbb{C}^{K \times (K+1)}$ 是基带数字波束成形器;$\boldsymbol{f}_{\mathrm{BB},c}[n] \in \mathbb{C}^{K \times 1}$ 是公共数据流的数字波束成形向量;$\boldsymbol{f}_{\mathrm{BB}}[k,n] \in \mathbb{C}^{K \times 1}$ 是私有数据流的数字波束成形向量;$\boldsymbol{h}[k,n] \in \mathbb{C}^{M \times 1}$ 是基站与第 k 个 UE 在第 n 个子载波上的下行链路信道向量;$z[k,n] \sim \mathcal{CN}(0, \sigma_n^2)$ 是 AWGN。

基于 RSMA 采用的串行干扰消除、公共数据流和私有数据流的 SINR 可以表示为

$$\mathrm{SINR}_{k,n}^c = \frac{|\boldsymbol{h}_{k,n} \boldsymbol{F}_{\mathrm{RF}} \boldsymbol{f}_{\mathrm{BB},c}[n]|^2}{\sum_{i=1}^{K} |\boldsymbol{h}_{k,n} \boldsymbol{F}_{\mathrm{RF}} \boldsymbol{f}_{\mathrm{BB}}[i,n]|^2 + \sigma_n^2}$$

$$\text{SINR}_{k,n}^p = \frac{|\boldsymbol{h}_{k,n}\boldsymbol{F}_{\text{RF}}\boldsymbol{f}_{\text{BB}}[k,n]|^2}{\sum_{i=1,i\neq k}^{K}|\boldsymbol{h}_{k,n}\boldsymbol{F}_{\text{RF}}\boldsymbol{f}_{\text{BB}}[i,n]|^2 + \sigma_n^2} \tag{7.33}$$

相应的可达速率为 $R_{k,n}^c = \log_2(1+\text{SINR}_{k,n}^c)$ 和 $R_{k,n}^p = \log_2(1+\text{SINR}_{k,n}^p)$。为保证所有 UE 都能有效解调公共数据流，公共数据流的可达速率记为 R_n^c，必须满足约束 $R_n^c = \min_k R_{k,n}^c$。当公共数据流的传输速率在 UE 之间均匀分配时，第 k 个 UE 在第 n 个子载波上的可达速率表示为

$$R_{k,n} = R_{k,n}^p + R_n^c/K = R_{k,n}^p + \min_k\{R_{k,n}^c\}/K \tag{7.34}$$

然后，最差用户可达速率（Achievable Rate of the Worst UE, ARWU）为

$$R_n^w = \min_k\{R_{k,n}\} = \min_k\{R_{k,n}^p\} + \min_k\{R_{k,n}^c\} \tag{7.35}$$

提出了一个优化 ARWU 的方案，通过将波束成形设计形成以下优化问题：

$$\begin{aligned}
\underset{\mathcal{P}(\cdot)}{\text{maximize}} \quad & R^w = \frac{1}{N_c}\sum_{n=1}^{N_c} R_n^w \\
\text{s.t.} \quad & \{\boldsymbol{F}_{\text{RF}}, \boldsymbol{F}_{\text{BB}}[n], \forall n\} = \mathcal{P}(\widehat{\boldsymbol{H}}[k], \forall k) \\
& |[\boldsymbol{F}_{\text{RF}}]_{i,j}| = 1/\sqrt{N_t}, \forall i,j \\
& \|\boldsymbol{F}_{\text{BB}}[n]\|_F^2 \leqslant K, \forall n
\end{aligned} \tag{7.36}$$

7.2.4.2 提出的模拟波束成形网络

鉴于不完美的 CSI 存在，基站必须设计模拟波束成形器以提高系统容量。这一目标可以通过采用提出的基于 Transformer 的模拟波束成形网络来实现，如图 7.10 上部分所示。值得注意的是，深度学习中的 Transformer 架构已在自然语言处理和计算机视觉领域广泛使用。这种结构已被证明在许多应用中优于其他流行网络，如全连接神经网络和 CNN。标准的 Transformer 接受一维实值序列作为输入，并产生一维实值序列作为输出。为了处理复数输入 $\widehat{\boldsymbol{H}}[k]$，模拟波束成形网络，首先将其转换为实数矩阵 $\bar{\boldsymbol{H}}[k] \in \mathbb{R}^{N_c \times 2N_t}$，如下式所示：

$$\begin{cases}
[\bar{\boldsymbol{H}}[k]]_{[:,1:M_r]} = \Re\{\widehat{\boldsymbol{H}}[k]\} \\
[\bar{\boldsymbol{H}}[k]]_{[:,1+M_r:2M_r]} = \Im\{\widehat{\boldsymbol{H}}[k]\}
\end{cases} \tag{7.37}$$

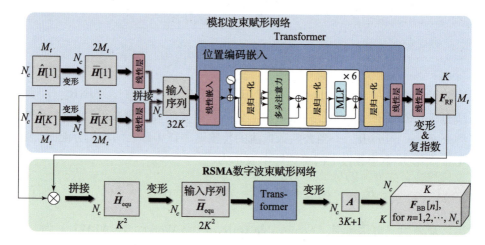

图 7.10 提出的端到端 RSMA 波束赋形方案[95]

如图 7.10 所示，所有 UE 的实数 CSI 最初通过一个全连接线性层处理，以将其维度降低至 $N_c \times 32$。处理后的 CSI 被连接成一个维度为 $N_c \times 32K$ 的一维实值序列，作为 Transformer 的输入。这里，子载波数 N_c 作为 Transformer 的有效输入序列长度。在 Transformer 中，输入序列通过使用全连接线性嵌入层和位置嵌入层被转换为维度为 256 的向量序列。位置嵌入层采用不同频率的正弦函数来表示不同子载波的位置。Transformer 进一步采用六个相同的层来从输入序列中提取特征。每一层由一个多头自注意力子层和一个 MLP 子层组成。提取的特征通过一个全连接线性层处理，以生成模拟波束成形矩阵的相位值 $\boldsymbol{\Theta} \in \mathbb{R}^{N_t \times K}$。通过对相位矩阵 $\boldsymbol{\Theta}$ 应用复指数函数，模拟波束成形网络可以产生满足单位模约束的模拟波束成形矩阵，即

$$\boldsymbol{F}_{\text{RF}} = \exp(\text{j} \cdot \boldsymbol{\Theta})/\sqrt{N_t} \tag{7.38}$$

7.2.4.3 提出的基于 AWMMSE 的 RSMA 数字预编码

在设计了模拟波束成形器 $\boldsymbol{F}_{\text{RF}}$ 和存在不完美 CSI $\hat{\boldsymbol{h}}[k,n]$ 的情况下，基站能够获得不完美的等效基带 CSI

$$\hat{\boldsymbol{h}}_{\text{equ}}[k,n] = \boldsymbol{F}_{\text{RF}}^{\text{H}} \hat{\boldsymbol{h}}[k,n] \in \mathbb{C}^{K \times 1}, \forall k, n \tag{7.39}$$

因此，式 (7.36) 中的优化问题可以简化为

$$\underset{\boldsymbol{F}_{\text{BB}}[1],\cdots,\boldsymbol{F}_{\text{BB}}[N_c]}{\text{maximize}} \quad \frac{1}{N_c} \sum_{n=1}^{N_c} \left(\min_k \{R_{k,n}^p\} + \min_k \{R_{k,n}^c\} \right)$$

$$\text{s.t.} \quad \|\boldsymbol{F}_{\text{BB}}[n]\|_F^2 \leqslant K, \forall n \tag{7.40}$$

显然，数字波束成形可以针对每个子载波独立设计。为了简化数学表达，在本小节中，考虑单个子载波的优化问题，并省略子载波索引 n，得到

$$\begin{aligned}\underset{\boldsymbol{F}_{\mathrm{BB}}}{\operatorname{maximize}} \quad & R^w = (\min_k \{R_k^p\} + \min_k \{R_k^c\}) \\ \text{s.t.} \quad & \|\boldsymbol{F}_{\mathrm{BB}}\|_F^2 \leqslant K \end{aligned} \quad (7.41)$$

令 $\hat{s}_c[k] = \mathrm{e}_c[k]y[k]$ 和 $\hat{s}[k] = \mathrm{e}[k](y[k] - \hat{\boldsymbol{h}}_{\mathrm{equ}}^{\mathrm{H}}[k]\boldsymbol{f}_{\mathrm{BB},c}s_c)$ 分别为第 k 个 UE 对公共和私有数据流的估计，其中，$\mathrm{e}_c[k]$ 和 $\mathrm{e}[k]$ 是相应的均衡器。解码这些流的均方误差（MSE）可以近似为

$$\begin{aligned} \varepsilon_c[k] &= \mathbb{E}\left\{|\hat{s}_c[k] - s_c|^2\right\} \approx \varepsilon_c^{(1)}[k] + \varepsilon_c^{(2)}[k] \\ \varepsilon[k] &= \mathbb{E}\left\{|\hat{s}[k] - s[k]|^2\right\} \approx \varepsilon^{(1)}[k] + \varepsilon^{(2)}[k] \end{aligned} \quad (7.42)$$

在此表达式中，$\hat{s}_c[k]$ 和 $\hat{s}[k]$ 分别代表第 k 个 UE 对公共数据流 s_c 和私有数据流 $s[k]$ 的估计，其中，$\mathrm{e}_c[k]$ 和 $\mathrm{e}[k]$ 是相应的均衡器。忽略 CSI 错误的公共和私有数据流的 MSE 可以表示为 $\varepsilon_c^{(1)}[k]$ 和 $\varepsilon^{(1)}[k]$。由 CSI 错误引入的干扰引起的公共和私有 MSE 可以表示为 $\varepsilon_c^{(2)}[k]$ 和 $\varepsilon^{(2)}[k]$。

假设 CSI 错误遵循独立同分布的复高斯分布，CSI 错误的自相关矩阵可以表示为 $\boldsymbol{R}_e = \sigma H^2 \boldsymbol{I}_K$，其中，$\sigma_H^2$ 表示估计等效 CSIT 的 MSE。通过对公共和私有 MSE 相对应的均衡器求偏导数，得到最小均方误差均衡器

$$\begin{aligned} \mathrm{e}_c^{\mathrm{MMSE}}[k] &= \frac{\boldsymbol{f}_{\mathrm{BB},c}^{\mathrm{H}} \hat{\boldsymbol{h}}_{\mathrm{equ}}[k]}{T_c[k] + \sigma_H^2 \sum_{m=1}^{K} \boldsymbol{f}_{\mathrm{BB}}^{H}[m]\boldsymbol{f}_{\mathrm{BB}}[m]} \\ \mathrm{e}^{\mathrm{MMSE}}[k] &= \frac{\boldsymbol{f}_{\mathrm{BB}}^{\mathrm{H}}[k] \hat{\boldsymbol{h}}_{\mathrm{equ}}[k]}{T[k] + \sigma_H^2 \sum_{m=1,m\neq k}^{K} \boldsymbol{f}_{\mathrm{BB}}^{\mathrm{H}}[m]\boldsymbol{f}_{\mathrm{BB}}[m]} \end{aligned} \quad (7.43)$$

通过将式 (7.43) 代入式 (7.42)，得到 MMSE

$$\varepsilon_c^{\mathrm{MMSE}}[k] = 1 - \frac{\left|\boldsymbol{f}_{\mathrm{BB},c}^{\mathrm{H}} \hat{\boldsymbol{h}}_{\mathrm{equ}}[k]\right|^2}{\left(T_c[k] + \sigma_H^2 \sum_{m=1}^{K} \boldsymbol{f}_{\mathrm{BB}}^{\mathrm{H}}[m]\boldsymbol{f}_{\mathrm{BB}}[m]\right)}$$

$$\varepsilon^{\mathrm{MMSE}}[k] = 1 - \frac{\left|\boldsymbol{f}_{\mathrm{BB}}^{\mathrm{H}}[k]\hat{\boldsymbol{h}}_{\mathrm{equ}}[k]\right|^2}{\left(T[k] + \sigma_H^2 \sum_{m=1, m \neq k}^{K} \boldsymbol{f}_{\mathrm{BB}}^{\mathrm{H}}[m]\boldsymbol{f}_{\mathrm{BB}}[m]\right)} \tag{7.44}$$

公共和私有数据流的 SINR 可以重新表示为 $\gamma_c[k] = 1/\varepsilon_c^{\mathrm{MMSE}}[k] - 1$ 和 $\gamma[k] = 1/\varepsilon^{\mathrm{MMSE}}[k] - 1$。相应的速率为 $\widehat{R}_k^c = -\log_2(\varepsilon_c^{\mathrm{MMSE}}[k])$ 和 $\widehat{R}_k^p = -\log_2(\varepsilon^{\mathrm{MMSE}}[k])$。由于对数速率-MSE 关系不能直接用于解决速率优化问题，引入增广 WMSE 的概念

$$\xi_c[k] = \lambda_c[k]\varepsilon_c[k] - \log_2(\lambda_c[k])$$
$$\xi[k] = \lambda[k]\varepsilon[k] - \log_2(\lambda[k]) \tag{7.45}$$

式中，$\lambda_c[k]$ 和 $\lambda[k]$ 是与第 k 个 UE 相关的 MSE 的权重。通过使 $\xi_c[k]$ 和 $\xi[k]$ 相对于 $\lambda_c[k]$ 和 $\lambda[k]$ 的偏导数等于零，得到最优权重

$$\lambda_c^{\mathrm{MMSE}}[k] = \left(\varepsilon_c^{\mathrm{MMSE}}[k]\right)^{-1}$$
$$\lambda^{\mathrm{MMSE}}[k] = \left(\varepsilon^{\mathrm{MMSE}}[k]\right)^{-1} \tag{7.46}$$

通过将式 (7.43) 和式 (7.46) 合并到式 (7.45) 中，建立了速率-WMMSE 关系

$$\xi_c^{\mathrm{MMSE}}[k] = 1 - \widehat{R}_k^c$$
$$\xi^{\mathrm{MMSE}}[k] = 1 - \widehat{R}_k^p \tag{7.47}$$

AWMMSE 问题可以基于上述的速率-WMMSE 关系来表述

$$\begin{aligned}\underset{\boldsymbol{F}_{\mathrm{BB}}, \boldsymbol{e}, \boldsymbol{\lambda}}{\mathrm{minimize}} \quad & \xi^w = (\max_k\{\xi_c[k]\} + \max_k\{\xi[k]\}) \\ \mathrm{s.t.} \quad & \|\boldsymbol{F}_{\mathrm{BB}}\|_F^2 \leqslant K\end{aligned} \tag{7.48}$$

式中，$\boldsymbol{e} = [e_c[1], e_c[2], \cdots, e_c[K], e[1], e[2], \cdots, e[K]]^{\mathrm{T}}$ 是均衡器向量；$\boldsymbol{\lambda} = [\lambda c[1], \lambda c[2], \cdots, \lambda_c[K], \lambda[1], \lambda[2], \cdots, \lambda[K]]^{\mathrm{T}}$ 是权重向量。目标是最小化 ξ^w，受限于 $\boldsymbol{F}_{\mathrm{BB}}$ 的 Frobenius 范数约束。

非凸 AWMMSE 问题可以通过交替优化框架解决，该框架将问题分解为三个凸子问题。算法 7.1 详细描述了分别优化 $\boldsymbol{F}_{\mathrm{BB}}$、$\boldsymbol{e}$ 和 $\boldsymbol{\lambda}$ 的过程，另外两个固定。$\boldsymbol{e}$ 和 $\boldsymbol{\lambda}$ 的解可以使用式 (7.43) 和式 (7.46) 分别以闭式形式获得。在固定 $\boldsymbol{e}$ 和 $\boldsymbol{\lambda}$ 的情况下，可以使用 CVX 工具箱找到最优的 $\boldsymbol{F}_{\mathrm{BB}}$。

算法 7.1: 基于 AWMMSE 的 RSMA 数字基带预编码 [95]

1: 初始化数字波束成形器 F_{BB}，使用 ZF 波束成形器；
2: for $i = 1$ 至 I_1 do
3:     更新 e 和 λ，使用式 (7.43) 和式 (7.42) 并固定 F_{BB}；
4:     更新 F_{BB}，通过解决固定 e 和 λ 的问题 (7.48)；
5: end for

7.2.4.4 提出的 RSMA 数字波束成形网络

提出的 AWMMSE 算法通过使用近似而不是蒙特卡罗采样来降低计算复杂度。然而，问题 (7.48) 中的优化目标包含一个 $\max(\cdot)$ 函数，使得难以为更新的 F_{BB} 获得闭式解，需要使用 CVX 进行迭代计算，增加了处理延迟。为了进一步降低计算复杂度，通过将原始目标替换为所有项的总和来放宽问题 (7.48)，导出 F_{BB} 的闭式更新

$$\begin{cases} \boldsymbol{f}_{BB,c} = \dfrac{\sum_{m=1}^{K} \hat{\boldsymbol{h}}_{\text{equ}}[m]a_c[m]}{b_c + \sum_{m=1}^{K} c_c[m]\hat{\boldsymbol{h}}_{\text{equ}}[m]\hat{\boldsymbol{h}}_{\text{equ}}^H[m]} \\ \boldsymbol{f}_{BB}[k] = \dfrac{\hat{\boldsymbol{h}}_{\text{equ}}[k]a[k]}{b[k] + \sum_{m=1}^{K} c[m]\hat{\boldsymbol{h}}_{\text{equ}}[m]\hat{\boldsymbol{h}}_{\text{equ}}^H[m]}, \forall k \end{cases} \quad (7.49)$$

式中，

$$\begin{cases} a_c[k] = e_c[k]\lambda_c[k] \\ a[k] = e[k]\lambda[k] \\ b_c = \dfrac{\sigma_n^2}{K}\sum_{m=1}^{K}\left(\lambda_c[k]|e_c[k]|^2 + \lambda[k]|e[k]|^2\right) \\ b[k] = b_c + \sigma_H^2 \sum_{m=1, m\neq k}^{K}\left(\lambda_c[k]|e_c[k]|^2\right) \end{cases} \quad (7.50)$$

数字波束成形器 $F_{BB}[n]$ 的值取决于一组参数 $\boldsymbol{A} = \{a_c[k,n], a[k,n], b_c[n], b[k,n], \forall k, \forall n\} \in \mathbb{C}^{N_c \times (3K+1)}$，可以使用式 (7.43)、式 (7.46) 和式 (7.50) 获得。

提出的 AWMMSE 算法假设 CSI 错误是复高斯分布且与 CSI 独立的，这可能无法完全反映现实。此外，在导出闭式解 (7.50) 期间放松优化函数 (7.48) 可能会影响其性能。为了解决这些限制，通过展开 AWMMSE 方案为 RSMA 数字

波束成形提出了一个模型驱动的 RSMA 数字波束成形网络，如图 7.10 下半部分所示。提出的 RSMA 数字波束成形网络将估计的等效信道 $\widehat{\boldsymbol{H}}_{\mathrm{equ}} \in \mathbb{C}^{N_c \times K^2}$ 作为输入，即

$$\widehat{\boldsymbol{H}}_{\mathrm{equ}} = \Big[\mathrm{vec}\left(\left[\hat{\boldsymbol{h}}_{\mathrm{equ}}[1,1], \hat{\boldsymbol{h}}_{\mathrm{equ}}[2,1], \cdots, \hat{\boldsymbol{h}}_{\mathrm{equ}}[K,1]\right]\right), \cdots,$$
$$\mathrm{vec}\left(\left[\hat{\boldsymbol{h}}_{\mathrm{equ}}[1,N_c], \hat{\boldsymbol{h}}_{\mathrm{equ}}[2,N_c], \cdots, \hat{\boldsymbol{h}}_{\mathrm{equ}}[K,N_c]\right]\right)\Big]^{\mathrm{H}} \quad (7.51)$$

RSMA 数字波束成形网络将估计的等效信道 $\widehat{\boldsymbol{H}}_{\mathrm{equ}}$ 转换为一维实值输入序列 $\bar{\boldsymbol{H}}_{\mathrm{equ}} \in \mathbb{C}^{N_c \times 2K^2}$，即

$$\boldsymbol{F}_{\mathrm{BB}}[n] = \min\left(\sqrt{K}, \|\boldsymbol{F}_{\mathrm{BB}}[n]\|_F\right) \frac{\boldsymbol{F}_{\mathrm{BB}}[n]}{\|\boldsymbol{F}_{\mathrm{BB}}[n]\|_F}, \forall n \quad (7.52)$$

选择的端到端深度学习训练提出的模拟波束成形网络和 RSMA 数字波束成形网络的损失函数是负 ARWU，由下式给出：

$$L_{\mathrm{E2E}} = -\sum_{n=1}^{N_c} \left(\min_k \{R_{k,n}^p\} + \min_k \{R_{k,n}^c\}\right) \quad (7.53)$$

这旨在通过端到端训练实现更好的性能。

7.3 仿真性能对比

本节通过仿真验证了提出的基于深度学习的端到端模型的性能，并详细分析了该方案中的训练数据和训练过程。

7.3.1 仿真设置

7.3.1.1 训练与测试数据

在这一小节将介绍用来训练网络的数据样本。这里考虑一个如上文所述的毫米波大规模 MIMO-OFDM 多径稀疏信道模型，其中，路径数 $L_p = 2$，用户数 $K = 2$。基站配备 $M = 64$ 个半波长天线，使用 8×8 的均匀平面天线阵列。信道各个路径的复增益服从复高斯分布 $\alpha_{l,k} \sim \mathcal{CN}(0,1)$，每条路径的方位角和俯仰角满足均匀随机分布 $\theta_{l,k} \in [-\pi/2, \pi/2]$，$\phi_{l,k} \in [-\pi/2, \pi/2]$。假设系统在下行链路导频训练阶段和下行链路信号传输阶段用户端都会有复高斯白噪声，并且信噪比为 $\mathrm{SNR} = 10\log_{10}\sqrt{\frac{P_t}{\sigma_n^2}} = 10 \mathrm{~dB}$。本小节将按照上述参数设置生成训练和测

试所提出的神经网络需要的数据样本。本章在前半部分的仿真中将信道路径数量 L_p 和用户数量 K 设置得较小，以加速网络的训练并验证所提出方案的有效性。在后续的仿真中，通过改变信道路径的数量 L_p 和用户数量 K 来验证网络具有能够在更复杂的环境下工作的泛化能力。

7.3.1.2 神经网络训练参数设置

仿真中使用开源的深度学习库 PyTorch 来实现所提出的神经网络，并将生成的数据集分为训练集、验证集和测试集，分别包含 204 800、20 480 和 20 480 个数据样本，这三个数据集之间是互斥的，以保证能够测试和验证模型是否发生过拟合。在训练过程中，采用 Adam 优化器更新网络参数。本章将训练集的 batch size 设置为 512，每个 epoch 中包含 400 个 batch。初始学习率设置为 10^{-3}，并在第 100 个和第 150 个 epoch 将学习率乘 0.3，这是因为在训练前期，网络需要将较大的学习率尽快地收敛到一个性能较好的点，然后在训练的后期降低学习率，以使网络的参数更新速度更慢，以在更精细的范围内使网络参数收敛到性能更好的点。训练总共持续 200 个 epoch。在训练过程中，使用提前停止策略来监控验证集的总速率，保留一组具有最佳泛化性能的网络参数，并在验证集损失长时间不减少时停止训练。

在 TDD 深度学习端到端模型中，所有隐藏层中的全连接层的神经元数量分别为 $D_{1,1}=1\,024$，$D_{1,2}=512$，$D_{1,3}=128$，$D_{1,4}=2\,048$，$D_{1,5}=1\,024$ 和 $D_{1,6}=512$。FDD 深度学习端到端模型中，所有隐藏层中的全连接层的神经元数量分别为 $D_{2,1}=1\,024$，$D_{2,2}=512$，$D_{2,3}=2\,048$，$D_{2,4}=1\,024$ 和 $D_{2,5}=512$。ResBlock 单元中的两个卷积隐藏层的卷积核数量分别为 $C_{2,1}=256$ 和 $C_{2,2}=512$。

7.3.1.3 基线算法设置

1) 完美 CSI &（SS-HB/TS-HB）：假定基站具有完美已知的下行 CSI，并直接执行上文介绍的 SS-HB[102] 或 TS-HB[105]。

2) SW-OMP 信道估计 &（SS-HB/TS-HB）：在这种情况下，基站向所有用户发送导频信号，每个用户设备使用上文介绍的 SW-OMP 算法来估计信道状态信息，并假定估计的信道状态信息可以完美地反馈给基站进行下行混合预编码。随后基站根据估计信道执行 SS-HB 或 TS-HB。

3) SW-OMP 信道估计 & 有限精度反馈 &（SS-HB/TS-HB）：在这种情况下，反馈比特数是有限的。用户首先使用 SW-OMP 算法来估计稀疏信道参数，然后使用 lloyd msax 量化算法来量化它们。假设信道有 L_p 条路经，需要反馈的稀疏参数为 $\{\Re(\alpha_{l,k}),\Im(\alpha_{l,k}),\theta_{l,k},\phi_{l,k},\tau_{l,k}\}_{l=1}^{L_p}$。用户将总反馈比特平均分配给每个稀疏参数，并使用 lloyd max 对稀疏信道参数进行非均匀量化，然后将这些比特反馈给基站。基站基于反馈比特重构下行 CSI，并执行混合预编码。

4) 全数字预编码： 假设基站有完美的下行 CSI，并且射频链路数等于天线数，则基站可以直接执行全数字迫零预编码。这种方案是基于最完美的假设的，可以作为算法性能的上界。

7.3.2 TDD 端到端通信系统中数值仿真结果

图 7.11 所示为在 TDD 模式、OFDM 导频符号数为 $Q=4$ 的情况下，对所提出的 TDD 深度学习端到端模型和基线算法进行了仿真对比。所提出的 TDD 深度学习端到端方案的性能在低信噪比情况下能够逼近基于完美 CSI 的 SS-HB 和 TS-HB 的性能，并且大幅度优于采用传统 SW-OMP 信道估计算法的方案。当导频 OFDM 时隙数为 $Q=4$ 时，基站能通过导频获得的信道观测数远远小于天线数。此时传统的基于压缩感知的方案难以从观测中提取有效的 CSI，而所提出的数据驱动深度学习端到端方案通过大量的训练样本获取了充分的 CSI 先验信息，因此能够在导频受限时取得较好的性能。

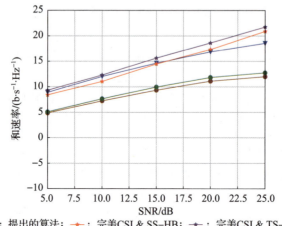

图 7.11 TDD 端到端深度学习方案与传统算法在不同信噪比下和速率性能对比 [39]

7.3.3 FDD 端到端通信系统数值仿真结果

本小节考察了 FDD 模式下 FDD 深度学习端到端模型和传统算法之间的性能对比。接下来的小节将进一步展示提出的算法在不同系统参数下的泛化性能。

如图 7.12(a) 所示，当每个用户只有 24 反馈比特可用时，FDD 深度学习端到端模型可以超越基于完美 CSI 的 SS-HB，这表明所提出的神经网络可以学习到有效的预编码方法。

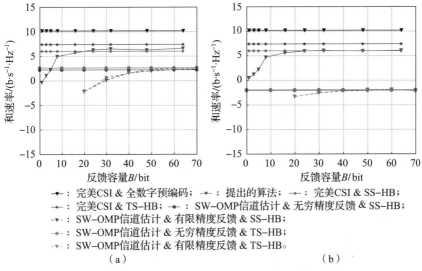

图 7.12　FDD 模式下端到端深度学习方案与传统算法在不同反馈比特数下和速率性能对比（$K=2, L_p=2, \text{SNR}=10 \text{ dB}$）

(a) $Q=8$; (b) $Q=4$[39]

当 OFDM 导频符号数为 $Q=8$ 远小于天线数 $M=64$ 时，信道的导频观测是有限的，因此很难使用传统的压缩感知算法来恢复精确的信道。图 7.12(b) 仿真观察了 $Q=4$ 的更短的导频序列情况下所提出的端到端深度学习方案与传统方案的性能对比。可以看到，提出的方案在更短的导频序列下没有明显的性能损失，而传统的 SW-OMP 信道估计方案有严重的性能损失。从仿真结果可以看出，在导频序列长度有限的情况下，基于数据驱动深度学习的端到端方案更具优势。

所提的方案绕过了显式的信道估计，直接将接收到的导频压缩成反馈比特，并反馈给基站进行混合预编码。从图 7.12(a) 还可以看出，所提的方案仅用 16 位反馈比特就能获得良好的性能，而基于稀疏信道参数量化反馈的方案需要更多的反馈比特，这表明估计稀疏信道参数后量化它们不是最优的方法。而数据驱动的神经网络可以从接收到的导频中提取更加有效的特征，并将其有效地压缩成更少的比特反馈给基站。

图 7.13 针对 OFDM 导频符号数 $Q=8$ 和反馈比特数 $B=30$ 的系统参数设置，将所提出的方案与传统方案在不同信噪比下进行比较。可以看出，在信噪

比较低的情况下，端到端深度学习方案比传统方案具有明显的优势，这表明神经网络可以在恶劣条件通过大量训练数据学习到有用的先验信息，从而获得更好的系统性能。

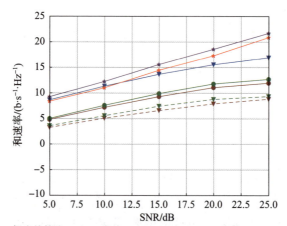

图 7.13　端到端深度学习方案与传统算法在不同信噪比下和速率性能对比[39]

图 7.14 展示了端到端深度学习方案的收敛过程，其中，OFDM 导频符号数为 $Q=8$，反馈比特数为 $B=30$，用户数量为 $K=2$。学习率在第 100 个

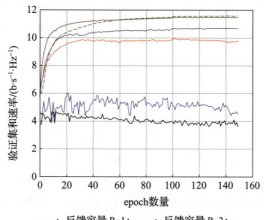

图 7.14　端到端深度学习方案训练阶段收敛速度[39]

epoch 从 10^{-3} 降低到 3×10^{-4}。可以看出，端到端深度学习方案大致需要 100 个 epoch 达到最佳性能。下一小节中将进一步讨论所提出方案的泛化性能，并证明提出的端到端深度学习方案可以在其他的系统参数下工作。

7.3.4 基于 RSMA 的端到端通信系统性能

如图 7.15 所示，比较了不同反馈开销 B 下不同方案在 ARWU 方面的性能。当基站无法获得准确的 CSI 时，传统的基于 RZF 的 SDMA 波束成形方案表现不佳，这是由于反馈开销有限。另外，通过将数据流分为公共和私有部分，基于功率分配和基于 AWMMSE 的 RSMA 波束成形方案即使在低反馈开销下也展示了改善的性能。然而，提出的方案实现了最佳性能。图 7.15 中的结果突出了提出方案相较于传统方案的优越性及其对低反馈开销下不完美 CSI 的鲁棒性。

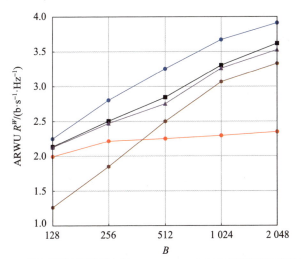

图 7.15 不同方案的 ARWU R^w 与反馈开销 B 的关系比 [95]

在图 7.16 中，比较了不同波束成形方案在 ARWU 方面的性能与 SNR 的函数关系。结果展示了提出方案对不同 SNR 的鲁棒性及其相较于其他方案的优越性。

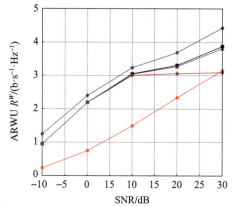

- : 提出的混合预编码方案; - : PCA&多播数字预编码方案;
- : PCA&提出的数字预编码方案; - : 功率分配方案;
- : PCA & RZF。

图 7.16 不同方案的 ARWU R^w 与 SNR 的关系 [95]

7.3.5 泛化性能分析

图 7.17 对比了端到端深度学习方案和传统方案在不同信道路径数情况下的和速率性能,其中,OFDM 导频符号数 $Q=8$,反馈比特数 $B=30$,用户数 $K=2$。基于端到端深度学习方案的曲线总共有两条,第一条是在固定信道路径数目 $L_p=2$ 的训练集上训练的,而另一条是用信道路径数目 $L_p=1\sim 8$ 均匀离

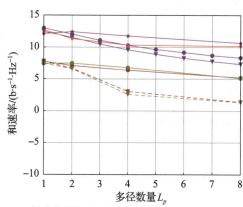

- : 提出的算法 (在 $L_p=2$ 下训练);
- : 提出的算法 (在 L_p 为 [1, 8] 之间下进行训练);
- : 完美CSI & SS–HB; - : 完美CSI & TS–HB;
- : SW–OMP信道估计 & 无穷精度反馈 & SS–HB;
- : SW–OMP信道估计 & 有限精度反馈 & TS–HB;
- : SW–OMP信道估计 & 无穷精度反馈 & SS–HB;
- : SW–OMP信道估计 & 有限精度反馈 & TS–HB。

图 7.17 端到端深度学习方案与传统算法在具有不同
路径数 L_p 的信道下的和速率性能对比 [39]

散分布的训练集上训练的。从图中可以看出,两种方案都可以超越传统的基于压缩感知的稀疏信道参数反馈方案。同时,第二种端到端深度学习方案具有更强的泛化能力,可以在路径数量变化的信道环境中取得较好的性能,这是因为第二种方案中的神经网络在更加复杂的训练集样本中学到了更丰富的信道先验信息,从而能够取得更好的信道多径数泛化能力。

图 7.18 将所提出的方案与传统方案在不同用户数 K 的信道下的和速率进行了比较,其中,OFDM 导频符号数为 $Q=8$,反馈比特数为 $B=30$。可以看出,在不同的用户数下,深度学习端到端模型的性能优于传统的方案。

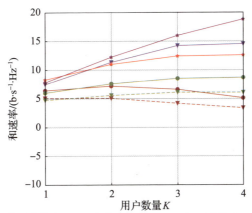

图 7.18 端到端深度学习方案与传统算法在具有不同用户数 K 的信道下的和速率性能对比 [39]

本章还考虑了毫米波 MIMO-OFDM 系统中的簇稀疏信道模型和低频段 MIMO-OFDM 系统的 one-ring 信道模型。假设在基站和每个用户之间存在 J_c 个散射簇,并且每个散射簇内都包含 J_p 条散射路径。考虑每个簇中的角度扩展为 $\sigma_\theta = 7.5°$,时延扩展度为 $\sigma_\tau = T_s$。基站和第 k 个用户之间在第 n 个子载波上的信道可以表示为

$$\boldsymbol{h}[k,n] = \frac{1}{\sqrt{J_c J_p}} \sum_{c=1}^{J_c} \sum_{p=1}^{J_p} \alpha_{k,c,p} \boldsymbol{a}_t(\theta_{k,c,p}, \phi_{k,c,p}) \mathrm{e}^{-\mathrm{j}\frac{2\pi n \tau_{k,c,p}}{N_c T_s}} \tag{7.54}$$

式中,$\alpha_{k,c,p} \sim \mathcal{CN}(0,1)$ 是基站和第 k 个用户之间的第 c 个散射簇中的第 p 个路径的复增益;$\theta_{k,c,p} \in [-\pi/2, \pi/2]$ 和 $\phi_{k,c,p} \in [-\pi/2, \pi/2]$ 分别是基站和第 k 个

用户之间的第 c 个散射簇中第 p 个路径的方位角和俯仰角。对于 one-ring 信道模型，考虑簇的数量为 $J_c = 1$，每个簇中的路径数量在 $1\sim 100$ 之间。对于簇稀疏信道模型，考虑簇的数量在 $1\sim 4$ 之间，并且每个簇中的路径数量是 $J_p = 10$。如图 7.19 所示，在簇稀疏信道模型和 one-ring 信道模型下，提出的方案也可以比传统方案取得更好的性能，这证明了提出的方案能够通过训练适应各种不同的信道环境。

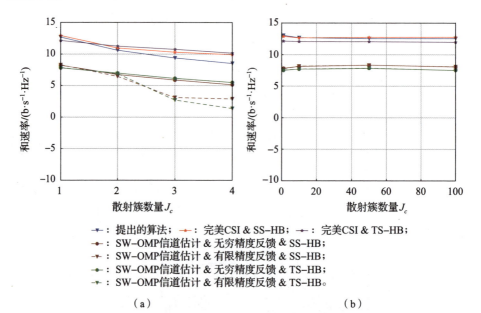

(a) (b)

图 7.19 FDD 模式下端到端深度学习方案与传统算法和速率性能对比

(a) 簇稀疏信道模型；(b) one-ring 信道模型 [39]

7.3.6 低分辨率移相器性能分析

考虑到移相器的离散化，本章在端到端的神经网络中引入了额外的量化层来表示训练阶段和部署阶段移相器相位的离散化。图 7.20 仿真并分析了连续移相器和离散移相器的网络性能，其中，OFDM 导频符号数为 $Q = 8$，反馈比特数为 $B = 40$，用户数量为 $K = 2$，B_{phase} 代表移相器的量化精度。可以看出，当移相器具有 3 比特量化精度时，所提出的离散移相器网络已经实现了接近连续移相器网络的性能。即使移相器只有 1 位或 2 位量化精度，所提出的离散移相器网络也能工作。仿真结果表明，该网络可以应用于低分辨率移相器的大规模 MIMO-OFDM 系统。

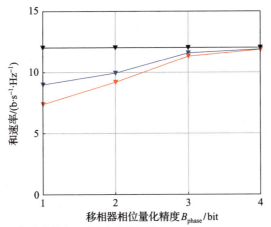

图 7.20　FDD 基于离散相位移相器和连续相位移相器的端到端深度学习方案对比[39]

7.4　小结

本章分别针对 TDD 和 FDD 模式下的多用户混合模-数架构大规模 MIMO-OFDM 系统提出了基于深度学习的端到端模型。其中，TDD 深度学习端到端模型将 TDD 模式下的上行导频传输和下行宽带多用户混合预编码过程建模为一个端到端的神经网络。FFD 深度学习端到端模型则将 FDD 系统下的下行导频传输、上行 CSI 反馈和下行宽带多用户混合预编码过程建模为一个端到端的神经网络。最后，本章通过仿真证明了与传统物理层传输算法相比，提出的基于深度学习的物理层传输算法具有明显优势。

第 8 章
基于人工智能的无人机通信

8.1 本章简介与内容安排

随着 5G 标准化的完成,学术界和工业界已经按计划进行了 B5G 或 6G 研究。与 5G 相比,下一代移动通信技术将在数据速率、延时和巨址接入方面进一步得到提升。然而,由于地面基站的覆盖范围不断缩小,部署更密集的地面基站不再现实。面对这一挑战,学术界认为利用 UAV 作为空中通信设备实现高速无线通信有望在未来通信系统中发挥重要作用。由于 UAV 具有机动性高、成本低的特点,其在过去几十年中得到了广泛的应用,例如天气监测、森林火灾探测、交通管制、货物运输、紧急搜救、通信中继等。事实上,当发生重大紧急事件,如发生自然灾害对地面通信设施造成损坏时,UAV 辅助通信技术可以对受灾地区提供广播服务或对没有地面基站覆盖的设备提供无线连接。如图 8.1 所示,与基于地面或卫星系统的传统通信相比,UAV 辅助通信具有一些明显的优势。例如,

图 8.1 基于无人机空中基站的通信系统示意图 [182]

UAV 更具有经济效益，成本低，部署速度也更快，这使 UAV 特别适合执行紧急任务或持续时间有限的任务。

此外，在 UAV 通信网中，大多数情况下可以和地面设备终端建立短距离 LoS 链路，这使空地直接通信或在长距离 LoS 链路上进行中继服务的性能显著提高。UAV 的机动性为通信性能的提高提供了新的自由度，通过 UAV 飞行轨迹的动态调整，使其更适合当前通信环境。例如，UAV 通过调整飞行策略，与地面用户建立良好的信道，能够向地面用户提供更高速率的传输。因此，这些显著的优势使 UAV 辅助无线通信被认为是未来通信的一个重要发展方向。通过合理使用空域资源，能够实现更高性能的无线通信，很大程度上缓解了地面设备的压力。其中，UAV 的高机动性为通信性能的提升提供了新的自由度，通过 UAV 飞行轨迹的动态调整来更好地适应通信环境，因此，如何优化 UAV 航迹获得更优的通信性能是目前无人机通信领域的研究重点。并且在 UAV 通信系统中，轨迹优化问题往往是一个非凸问题，传统优化算法很难对该类问题进行精确求解。

针对这个问题，本书提出了一种基于 DRL 的 UAV 二维轨迹优化方法。该方案考虑 UAV 辅助 IoT 数据收集任务，结合动态信道建模，可根据外界环境自适应学习如何调整 UAV 飞行策略。此外，受蚁群算法[175]的启发，设计了融合信息素，以表示 UAV 与环境之间的状态信息，将其作为奖励函数的输入，进而引导 UAV 学习最佳轨迹优化策略。相比之下，文献[176]提出的传统优化方法并没有适应环境变化的能力，只能基于已知的信道模型进行 UAV 轨迹优化。本书将提出的 UAV 轨迹优化算法与传统设计方法进行了比较，结果显示，所提方案能显著提高 UAV 辅助 IoT 数据收集任务的完成效率，大大降低了 UAV 能耗。

在 UAV 辅助通信系统中，主要目标是通过设计 UAV 轨迹，以提高用户服务质量。UAV 轨迹优化通常在二维水平面进行，这使空域自由度未被完全利用。同时，结合大规模 MIMO 技术，多天线 UAV 基站需要考虑预编码方案，这使 UAV 轨迹优化更加具有挑战性。目前，国内外研究人员已经提出了若干种三维或多天线 UAV 基站轨迹优化方案。

在文献[177]中，作者考虑优化 UAV 的 3D 位置、IoT 节点的传输功率以及 IoT 节点与 UAV 之间的协同，以降低 IoT 节点的总传输功率。此外，文献[178]和文献[179]分别针对数据收集速率和系统吞吐率提出了 3D 轨迹优化方案。由于实际中 UAV 基站将搭载多天线阵列，因此 MIMO 技术被应用于 UAV 空中基站，以对抗路径损失带来的影响。具体而言，文献[26]的作者通过联合优化 GT 的传输调度、功率分配以及多天线 UAV 的 2D 轨迹，以最大限度地提高上行通信的最小和速率。此外，文献[180]为了最小化多用户 MISO 通信系统的总功耗，对 UAV 的 2D 轨迹和预编码矢量进行了联合优化。然而，上述基于传统优化解决方案的 UAV 轨迹设计存在一定的局限性。首先，建立一个优化问题需要一个精确和易于处理的无线电传播模型，而这个模型通常很难获得。其次，基于优化的设计还需要完善的 CSI，这在实践中很难获得。

针对多天线 UAV 空中基站 OFDM 系统，本章提出了一种新的联合 UAV 3D 轨迹优化算法，包括 UAV 基站端的预编码器设计。更具体地说，考虑了一种多用户 MISO UAV 下行链路通信系统中，以完成时间最小化为目标的 3D 轨迹设计。使用具有多天线的 UAV 为分布在 3D 城市场景中的多个 GT 提供服务，采用 ZF 预编码方案消除不同数据流之间的干扰。为了解决具有无限动作空间的连续控制问题，提出一种基于 DRL 的 UAV 轨迹优化算法，该算法基于一种称为 DDPG 的 actor-critic 强化学习算法[181]。仿真结果表明，提出的 3D 轨迹优化方案具有更好的性能。

8.2 基于 DRL 的多用户 SISO UAV 通信下的二维轨迹优化

8.2.1 系统模型

如图 8.2 所示，考虑了一个 UAV 辅助 IoT 数据收集系统，其中，UAV 被调度，从大量分布式 IoT 地面节点进行数据收集，例如智慧城市监控数据、交通流

图 8.2　无人机辅助物联网数据收集系统 [182]

量数据和健康监护数据等。假设 UAV 和 IoT 地面节点都使用单个全向天线，并且 K 个 IoT 节点随机分布在 D m×D m 的给定地理区域中。第 k 个 IoT 节点和 UAV 的位置取决于 $\boldsymbol{w}_k = [\bar{x}_k, \bar{y}_k, 0] \in \mathbb{R}^3$ 和 $\boldsymbol{q}(t) = [x_t, y_t, H] \in \mathbb{R}^3$，$0 \leqslant t \leqslant T$，其中，$(\bar{x}_k, \bar{y}_k)$ 表示第 k 个 IoT 节点的水平坐标，(x_t, y_t) 是 UAV 空中位置投影在水平面上的水平坐标，H 是 UAV 高度，T 是任务执行时间。假设 IoT 节点的位置是固定的，用于设计 UAV 的轨迹和执行数据收集。

在 UAV 飞行过程中，UAV 与 IoT 节点之间的直接通信链路会被建筑物遮挡，因此无法采用简单的 LoS 信道模型及概率 LoS 模型。本方案考虑了一种更为实际的空地信道模型，该模型仍以大尺度衰落和小尺度衰落为原型，但考虑建筑物作为传播散射体的存在，大尺度衰落建模依赖于 UAV 和 IoT 节点的瞬时位置以及周围建筑物，需要基于模拟的 3D 城市模型进行计算。具体而言，在具有建筑物位置和高度信息的模拟城市环境中，通过检测当前 UAV 位置和 IoT 节点之间的直接通信链路是否被建筑物阻塞，可以准确判断 UAV 和 IoT 节点之间是否存在 LoS 链路，由此构建更加准确的信道建模。

考虑城市环境中建筑物的遮挡效应，将第 k 个 IoT 节点（IoT 节点总数为 K，$k \leqslant K$）与 UAV 之间的大尺度衰落建模为

$$\mathrm{PL}_k(t) = \begin{cases} L_k^{\mathrm{FS}}(t) + \eta_{\mathrm{LoS}} \\ L_k^{\mathrm{FS}}(t) + \eta_{\mathrm{NLoS}} \end{cases} \tag{8.1}$$

式中，$L_k^{\mathrm{FS}}(t) = 20\log_{10} d_k(t) + 20\log_{10} f_c + 20\log_{10}\left(\dfrac{4\pi}{c}\right)$ 表示第 k 个 IoT 节点与 UAV 之间的自由空间传播损失，其中，$d_k(t) = \|\boldsymbol{q}(t) - \boldsymbol{w}_k\|$ 表示 UAV 与第 k 个 IoT 节点之间的欧氏距离，f_c 表示中心频率，c 表示光速；η_{LoS} 和 η_{NLoS} 分别表示 LoS 链路和 NLoS 链路的附加空间传播损失。

考虑小尺度衰落的影响：NLoS 链路情况下采用瑞利衰落，LoS 链路情况下采用莱斯因子为 15 dB 的莱斯衰落。因此，第 k 个 IoT 节点与 UAV 之间的信道建模可以表示为

$$h_k(t) = 10^{-\mathrm{PL}_k(t)/20} \tilde{h}_k(t) \tag{8.2}$$

为了使 UAV 的轨迹优化问题易于处理，将连续时间域离散为长度不等的 N 时间步长 δ_n，$n \in \{0, 1, \cdots, N\}$，并在一系列时间步长内执行数据收集任务，即 $\{\delta_0, \delta_1, \cdots, \delta_N\}$。此外，每个时间步长由两部分组成，即 $\delta_n = \delta_{\mathrm{ft}} + \delta_{\mathrm{ht},n}$，其中，$\delta_{\mathrm{ft}}$ 是固定的飞行时间，$\delta_{\mathrm{ht},n}$ 是数据收集的悬停时间。如果当前位置没有活跃的 IoT 节点，UAV 将跳过悬停阶段并直接执行下一个时间步，即 $\delta_{\mathrm{ht},n} = 0$ s。在每个时间步期间，UAV 的机动策略可表示为

$$x_{n+1} = x_n + m_n\cos(\bar{\theta}_n) \quad (8.3)$$

$$y_{n+1} = y_n + m_n\sin(\bar{\theta}_n) \quad (8.4)$$

式中，$m_n = \delta_{\text{ft}} v_n$ 表示第 n 个时间步中 UAV 的移动距离；$v_n \in [0, v_{\max}]$ 表示第 n 个时间步中的平均飞行速度，其中，$v_{\max}$ 表示每个时间步中的最大巡航速度；$\bar{\theta}_n \in (0, 2\pi]$ 表示 UAV 在 Oxy 平面上相对于 x 轴的水平方向。在任务开始时，UAV 在随机位置起飞。

假设只有当 IoT 节点被 UAV 唤醒时，它们才能以恒定传输功率 P_{Tx} 开始上传数据，否则它们将继续保持静默模式以节省能源。在第 n 个时间步长中，第 k 个 IoT 节点和 UAV 之间的相应上行链路 SNR 可以表示为

$$\rho_{k,n} = \frac{P_{\text{Tx}}|h_{k,n}|^2}{P_N} \quad (8.5)$$

式中，$|h_{k,n}|^2$ 是第 n 个时间步长悬停阶段的信道功率增益；P_N 表示 UAV 接收机处的加性高斯白噪声 (AWGN) 功率。对于与第 k 个 IoT 节点相关联的上行数据收集服务，设置了预定义的 SNR 阈值 ρ_{th}，其中，当且仅当 $\rho_{k,n} \geqslant \rho_{\text{th}}$ 时，第 k 个 IoT 节点可以被唤醒并由 UAV 服务。此外，将指标函数定义为

$$b_{k,n} = \begin{cases} 1, & \rho_{k,n} \geqslant \rho_{\text{th}}, \\ 0, & \text{其他} \end{cases} \quad (8.6)$$

指示第 k 个 IoT 节点是否能够满足 UAV 在第 n 个时间步中的 SNR 要求。由于假设每个 IoT 节点在一次实现中最多只能服务一次，将第 k 个 IoT 节点的指标函数定义为

$$\tilde{b}_{k,n} = \begin{cases} 1, & b_{k,n} = 1, c_{k,n} = 0, \\ 0, & \text{其他} \end{cases} \quad (8.7)$$

式中，$c_{k,n} \in \{0, 1\}$ 是一个二进制变量，用于指示第 k 个 IoT 节点是否已由 UAV 提供服务。为简单起见，假设使用 OFDMA 来允许从最多 K_{up} 个 IoT 节点同时收集数据，即满足上传要求的每个 IoT 节点将分配带宽 W，因此可以忽略用户间干扰。所以，$\tilde{b}_{k,n}$ 上的约束可以表示为

$$\sum_{k=1}^{K} \tilde{b}_{k,n} \leqslant K_{\text{up}} \quad (8.8)$$

式中，如果唤醒 IoT 节点的数量超过最大访问数量 K_{up}，系统将选择具有高 SNR 的前 K_{up} 个 IoT 节点作为服务对象，并将其他 IoT 节点设置为静默状态，即 $\tilde{b}_{k,n} = 0$。

此外，将服务标志 $c_{k,n}$ 定义为

$$c_{k,n/0} = \min\left\{\sum_{i=0}^{n} \tilde{b}_{k,i}, 1\right\}, \quad c_{k,0} = 0 \tag{8.9}$$

式中，如果 $c_{k,n} = 1$，则在任务期间第 k 个 IoT 节点已被服务；否则，第 k 个 IoT 节点未被服务。然后，UAV 和第 k 个 IoT 节点之间的传输速率可以表示为

$$R_{k,n} = \tilde{b}_{k,n} W \log_2(1 + \rho_{k,n}) \tag{8.10}$$

式中，仅当第 k 个 IoT 节点在第 n 个时间步中服务时，才可以上传第 k 个 IoT 节点的数据。因此，UAV 的悬停时间 (等于第 n 个时间步长中来自服务 IoT 节点的最大上传数据持续时间) 可以表示为

$$\delta_{\text{ht},n} = \max_{k \in \{1,2,\cdots,K\}} \left\{ \frac{\tilde{b}_{k,n} D_{\text{file}}}{R_{k,n} + \kappa} \right\} \tag{8.11}$$

式中，D_{file} 表示第 k 个 IoT 节点的信息文件大小；κ 是防止分母为零的值。数据采集任务的完成标准是所有 IoT 节点的数据都已采集，可以表示为

$$\sum_{k=1}^{K} c_{k,N} = K \tag{8.12}$$

因此，通过轨迹优化使数据收集任务完成时间最小化的问题可以表述为

$$\begin{aligned}
&\underset{\{v_n, \bar{\theta}_n\}, \{x_n, y_n\}, N}{\text{minimize}} \quad \sum_{n=0}^{N} \delta_n \\
&\text{s.t.} \quad \sum_{k=1}^{K} \tilde{b}_{k,n} \leqslant K_{\text{up}}, \forall n \\
&\quad c_{k,n} = \min\left\{\sum_{i=0}^{n} \tilde{b}_{k,i}, 1\right\}, \forall n, k \\
&\quad \sum_{k=1}^{K} c_{k,N} = K
\end{aligned}$$

$$0 \leqslant v_n \leqslant v_{\max}, \forall n$$
$$0 \leqslant \bar{\theta}_n \leqslant 2\pi, \forall n$$
$$0 \leqslant x_n \leqslant D, \forall n$$
$$0 \leqslant y_n \leqslant D, \forall n$$
(8.13)

值得注意的是，上述优化问题是一个混合整数非凸问题，已知为 NP-hard 问题。此外，在所考虑的场景中，大尺度衰落和小尺度衰落都取决于 UAV 和 IoT 节点以及周围建筑物的瞬时位置，因此采用传统的优化方法难以解决上述问题，例如约束规划和混合整数规划。相反，DRL 已被证明是处理高维连续空间中复杂控制问题的有效方法。因此，本节提出了一个基于 DRL 的解决方案来解决这个具有挑战性的控制问题。

8.2.2 马尔可夫决策过程问题重构

首先将原始问题转化为 MDP 结构，以便应用 DRL 算法。如图 8.3 所示，UAV 被视为智能体。在训练过程中，强化学习网络和经验回放缓冲区部署在中央服务器上。经验回放缓冲区定期收集 UAV 与环境交互的当前状态信息，然后强化学习网络根据历史状态和奖励选择更好的策略来控制 UAV 智能体的飞行路径。当 actor 网络经过良好训练后，将在测试阶段将其部署到 UAV 上。最后 UAV 接收环境的状态信息，并通过 actor 网络直接获取飞行动作指令。重复此过程，直到任务完成。因此，在下文中为 UAV 轨迹设计问题定义以下状态、行动和奖励。

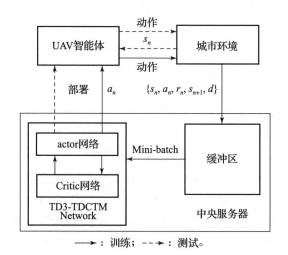

图 8.3 基于 TD3 的 UAV 辅助 IoT 数据采集系统轨迹设计[182]

1) 第 n 个时间步的状态 s_n, $\forall n$:
- $b_{k,n} \in \{0,1\}$：第 n 个时间步长中第 k 个 IoT 节点的覆盖率指示。如果 $b_{k,n} = 1$，则第 k 个 IoT 节点满足 SNR 要求；否则，第 k 个 IoT 节点不满足要求。因此，提出的基于 DRL 的轨迹设计只需要不完美的 CSI，即 SNR 信息。
- $c_{k,n} \in \{0,1\}$：整个任务期间第 k 个 IoT 节点的服务标志。如果 $c_{k,n} = 1$，则第 k 个 IoT 节点在任务期间已被服务；否则，第 k 个 IoT 节点未被服务。
- $[x_n, y_n]$：给定区域内 UAV 的 2D 坐标。
- ζ_n：UAV 的信息素，可表示为

$$\zeta_n = \zeta_{n-1} + K_{\text{cov},n} \cdot \kappa_{\text{cov}} - \kappa_{\text{dis}} - P_{\text{ob}} \tag{8.14}$$

式中，ζ_{n-1} 是第 $n-1$ 个时间步中的剩余信息素；$K_{\text{cov},n} = \sum_{k=1}^{K} \tilde{b}_{k,n}$ 是 UAV 在第 n 个时间步中服务的 IoT 节点数；κ_{cov} 是一个正常数，用于表示每个获取的信息素；κ_{dis} 是一个表示损失的信息素的正常数；P_{ob} 是一个动作导致无人机边界违规时的惩罚。

形式上，$s_n = [b_{1,n}, b_{2,n}, \cdots, b_{K,n}; c_{1,n}, c_{2,n}, \cdots, c_{K,n}; x_n, y_n; \zeta_n]$ 是第 n 个状态的完整表示，其基数等于 $2K+3$。在状态 s_n 中，$b_{k,n}$ 和 $c_{k,n}$ 反映了第 k 个 IoT 节点的数据收集情况，$[x_n, y_n]$ 表示 UAV 的移动状态；ζ_n 表示任务期间环境和 UAV 智能体之间的合并信息，可以视为提高决策效率的附加信息。

2) 第 n 个时间步的动作 a_n, $\forall n$:
- $\bar{\theta}_n \in (0, 2\pi]$：下一时间步中 UAV 的水平方向。
- $v_n \in [0, v_{\max}]$：下一时间步中 UAV 的飞行速度。在形式上，动作被定义为 $a_n = [\bar{\theta}_n, v_n]$。由于两个动作变量都取连续值，因此 UAV 的轨迹优化是一个连续控制问题。

3) 在第 n 个时间步的奖励 r_n, $\forall n$:
- 对于上述数据采集任务，UAV 智能体只有在指定的时间步长内完成所有 IoT 节点的数据采集后才能获得正奖励，即中间过程中的每个步骤都没有奖励。此外，在训练开始时，智能体的策略是随机的，奖励的获取需要一系列复杂的操作。因此，数据收集任务是一个奖励稀疏问题。当直接利用强化学习算法对这类问题进行优化时，原算法的训练难度会随着 IoT 节点

数量的增加而呈指数增长，并且无法保证收敛性。为了克服这个问题，提出了一种奖励重塑机制，它可以将原始的稀疏奖励转化为密集奖励。具体而言，奖励设计的定义如下：

$$r_n = \begin{cases} r_{\tanh}(\zeta_n) + N_{\text{re}}, & \sum_{k=1}^{K} c_{k,n} = K \\ r_{\tanh}(\zeta_n), & \text{其他} \end{cases} \quad (8.15)$$

式中，$r_{\tanh}(\zeta_n) = \dfrac{2}{1 + \exp[-\zeta_n/(K \cdot \kappa_{\text{cov}})]} - 1$ 是以信息素 ζ_n 为输入的奖励函数。此外，$r_{\tanh}(\cdot)$ 近似于 $\tanh(\cdot)$ 函数，但梯度比后者更平滑。由于信息素 ζ_n 的变化，UAV 智能体可以在探索阶段获得密集奖励。此外，奖励函数的梯度信息可以加速算法的收敛。UAV 将在任务完成时间阶段获得剩余时间奖励 $N_{\text{re}} = N_{\max} - n$，从而鼓励 UAV 尽快完成数据收集任务。

8.2.3 基于 TD3 的无人机轨迹设计

为解决 UAV 的轨迹设计问题，提出一种基于 TD3 的 TDCTM 算法。如上所述，由于 UAV 的轨迹设计是一项连续控制任务，采用 TD3 作为设计的起点。在下文中，利用信息增强、维度扩展和完成或中止技巧来稳定 TD3 的训练过程，其细节如下所示。

1) **信息增强**：受蚁群算法的启发，设置了一个附加信息，即合并的信息素 ζ_n，作为状态的一部分，以提高学习效率。假设每个 IoT 节点都包含一些信息素，这些信息素也可以表示为要收集的一些特殊数据。在 UAV 巡航期间，将收集活动 IoT 节点的数据，IoT 节点上的信息素也将传输到 UAV。同时，UAV 上的信息素将不断蒸发，当 UAV 的运动违反边界时，更多的信息素将蒸发。信息素代表了 UAV 与环境的融合信息，也可作为奖励设计的参考。此外，信息素浓度决定了回报，从而引导 UAV 智能体更好地探索环境。

2) **维度扩展**：根据 MDP 公式中的状态定义，大多数状态维度与 IoT 节点的覆盖指标相关，而只有两个维度与 UAV 的位置相关，只有一个维度与 UAV 的信息素相关。显然，存在维度不平衡问题，建立了一个预扩展网络来扩展这些状态维度，以便它们与覆盖指标维度相平衡。为此，低维状态（包括 UAV 的位置和信息素）首先连接到一个具有 $2K$ 神经元的密集网络，以将维度扩展到 $2K$。然后将这些扩展状态和覆盖状态连接起来，作为 actor 和 critic 网络的输入。

3) 完成或中止：在环境中有两种情况触发"done"，即达到最大时间步长和完成任务。根据 Bellman 方程，用于 critic 更新的目标值计算如下

$$Q(s,a) \approx r + (1 - I_{\text{done}}) \cdot \gamma \min_{i=1,2} \left\{ Q_{\theta'_i}(s', \tilde{a}) \right\} \tag{8.16}$$

式中，$I_{\text{done}} \in \{0,1\}$ 是一个二进制变量，用于指示该回合是否结束，即"done"。但是，当达到该回合的最大时间步长时，设置"done"是不正确的，因为该回合被人为中止，并且未来的 Q 值被放弃。事实上，如果环境继续运行，则未来的 Q 值不是零。注意，只有当 UAV 完成任务并中止时，未来的 Q 值才能设置为零。如果不区分环境的"完成"状态和"中止"状态，将导致 critic 网络学习振荡并导致性能下降。因此，设置了一个"终止"标志，用 $d \in \{0,1\}$ 表示，这是一个二进制变量，用于记录无人机是否完成了数据收集任务。这样，目标值函数可以表示为

$$y = r + (1 - d) \cdot \gamma \min_{i=1,2} \left\{ Q_{\theta'_i}(s', \tilde{a}) \right\} \tag{8.17}$$

在图 8.4 中，展示了为 UAV 辅助 IoT 数据采集系统提出的 TD3-TDCTM 网络框架。将信息增强、维度扩展和完成或中止方案集成到 TD3 算法中，以最小化任务完成时间。根据以上讨论，TD3-TDCTM 算法的流程可以描述如下。首先，该算法分别随机初始化 critic 和 actor 网络的权重。然后，采用 critic、actor 目标网络来提高学习的稳定性。目标网络与原始 actor 或 critic 网络具有相同的结构，其权重的初始化方式与其原始网络相同。然而，这些网络参数以完全不同的方式更新，其中应用软目标更新技术来控制更新速率。

在探索过程中，在每回合开始时，算法将初始化环境并接收初始状态和中止标志。在探索过程中，该算法从当前 actor 网络派生一个动作，再添加一个随机噪声，通过合理设置探索噪声和衰减因子，可以有效地实现探索与利用的平衡。还需要处理一个特殊情况，即 UAV 飞行动作导致边界违规。为了避免这种情况，考虑将惩罚值施加到信息素，取消相应的运动（即，UAV 保持悬停，不进行移动），并更新相应的奖励和下一个状态。此外，考虑另一种特殊情况，即无人机完成数据收集任务，将剩余的时间视为奖励，添加到当前奖励中，并提前中止这一回合，将中止标志设置为 1，这将在完成或中止技术中使用。

在更新神经网络过程中，与经典的 TD3 算法类似，使用经验回放缓冲区来更新 actor 和 critic 网络，该缓冲区在开始时以 R 大小初始化。具体地说，将收集到的样本存储到缓冲区，然后从缓冲区中抽取一小批样本，以更新 actor 和 critic 网络。具体算法步骤见伪代码 8.1。

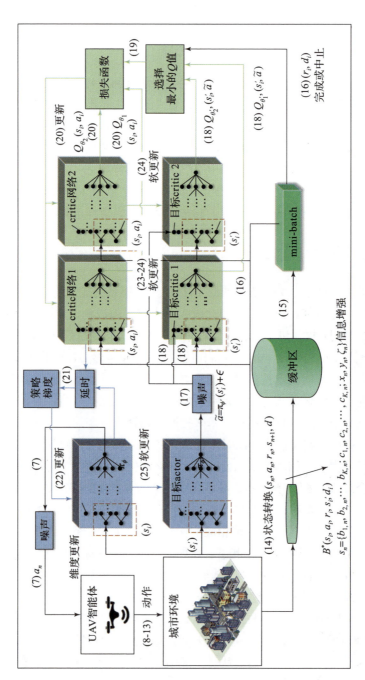

图 8.4 UAV 辅助 IoT 数据采集系统提出的 TD3-TDCTM 网络框架[182]
(其中,算法 8.1 的步骤标记在图中)

算法 8.1: 提出的无人机辅助物联网数据收集系统 2D 轨迹设计 [182]

1: 以随机参数 θ_1, θ_2 和 ϕ 初始化 critic 网络 Q_{θ_1}, Q_{θ_2} 及 actor 网络 π_ϕ
2: 初始化目标网络 $\theta_1' \leftarrow \theta_1$, $\theta_2' \leftarrow \theta_2$ 和 $\phi' \leftarrow \phi$
3: 初始化经验回放缓冲区 R
4: **for** $episode = 0 : M$
5:   初始化环境,接收初始状态 s_0,设置 $n = 0$ 和中止标志 $d = 0$。
6:   **repeat**
7:     选择一个飞行动作 $a_n = \pi(s_n|\theta^\mu) + \sigma\epsilon$,其中,$\epsilon$ 是一个高斯噪声,σ 是一个衰减常数;观测到一个奖励 $r_n = r_{\tanh}(\zeta_n)$ 和一个新状态 s_{n+1}
8:     **if** 无人机飞出边界
9:       $\zeta_n = \zeta_n - P_{ob}$,其中,$P_{ob}$ 是预设的惩罚。同时,无人机的移动将被取消,并相应地更新 r_n, s_{n+1}。
10:     **if** 无人机完成数据收集任务,即 $\sum_{k=1}^{K} c_{k,n} = K$
11:       $r_n = r_n + N_{re}$,并且该回合提前中止,即 $d = 1$。
12:     将状态样本 $(s_n, a_n, r_n, s_{n+1}, d)$ 存入 R
13:     **if** $R > 2\,000$
14:       从 R 中随机采样小批量的 B 个样本 (s, a, r, s', d)
15:       $\tilde{a} \leftarrow \pi_{\phi'}(s') + \epsilon$, $\epsilon \sim \text{clip}(\mathcal{N}(0, \tilde{\omega}), -c, c)$
16:       设置 $y \leftarrow r + (1-d) \cdot \gamma \min_{i=1,2} \left\{ Q_{\theta_i'}(s', \tilde{a}) \right\}$
17:       通过最小化 $\theta_i \leftarrow \arg\min_{\theta_i} B^{-1} \sum (y - Q_{\theta_i}(s,a))^2$ 更新 critic 网络
18:       采用确定性策略梯度 $\nabla_\phi J(\phi) = B^{-1} \sum \nabla_a Q_{\theta_1}(s,a)|_{a=\pi_\phi(s)} \nabla_\phi \pi_\phi(s)$ 更新 actor 策略网络
19:       采用以下方式更新目标网络:
20:         $\theta_i' \leftarrow \tau\theta_i + (1-\tau)\theta_i'$
21:         $\phi' \leftarrow \tau\phi + (1-\tau)\phi'$
22:     更新 $n \leftarrow n + 1$
23:   **until** $n = N_{\max}$ or $\sum_{k=1}^{K} c_{k,n} = K$
24: **end for**

8.2.4 仿真数值结果

如图 8.5 所示,考虑了一个城市面积的大小为 $1\,000\text{ m} \times 1\,000\text{ m}$,通过 ITU 统计模型生成密集高层建筑。假设每个 IoT 节点天线的发射功率为 $P_{\text{Tx}} = 10\text{ dBm}$,噪声功率为 $P_N = -75\text{ dBm}$,满足基本数据采集要求的 SNR 阈值为 $\rho_{\text{th}} = 0\text{ dB}$,传播损耗为 $\eta_{\text{LoS}} = 0.1\text{ dB}$ 和 $\eta_{\text{NLoS}} = 21\text{ dB}$[183],每个 IoT 节点的信息文件大小为 $D_{\text{file}} = 10\text{ Mb}$。此外,由于 OFDMA 系统,UAV 在第 n 个时间步中可以服务的最大 IoT 节点数为 $K_{\text{up}} = 6$,分配给每个唤醒 IoT 节点的带宽为 10 MHz。假设 UAV 的平均飞行速度为 $v \in [0, 20]\text{ m/s}$,每一步的飞行时间为 $\delta_{\text{ft}} = 2.5\text{ s}$。

设计的信息素参数为 $\kappa_{\text{cov}} = 10$ 和 $\kappa_{\text{dis}} = 1$。

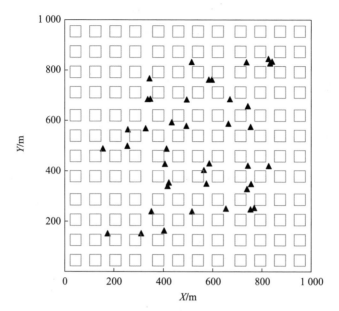

图 8.5 2D 仿真场景示意图 [182]

为验证提出算法的有效性，使用训练后的模型进行测试。在每个仿真实现中，UAV 的初始水平位置都是随机生成的。共执行 25 次相互独立的实现，其输出被平均，以获得最终结果。

对于 UAV 辅助 IoT 数据采集，需要建立满足通信服务需求的地-空信道，以连接 UAV 和 IoT 节点。通常，地-空信道的链路质量取决于各种因素，如建筑物的密度和高度、IoT 节点和 UAV 的位置以及 UAV 的部署高度 [183]。更高的海拔将提高地-空 LoS 链路的概率，但大尺度衰落的影响更为严重。同样，较低的高度将减轻大尺度衰落的影响，但地-空 LoS 链路的概率将明显降低。因此，需要在大尺度衰落和地-空 LoS 概率之间进行权衡，以获得最大覆盖半径的最佳高度。然而，实际中很难获得 UAV 最佳高度的解析解，这在很大程度上取决于特定的城市环境条件。因此，本节首先比较不同 UAV 高度的平均任务完成时间，得出图 8.6 中的最佳高度。可以观察到，UAV 的高度 $H = 95$ m 是所考虑设置中的最佳高度。此外，还比较了飞行高度自适应调整和固定高度的轨迹设计方案。通过仿真可以看出，与固定飞行高度的情况相比，3D 轨迹的性能较差。这是因为 DRL 获得的 3D 轨迹策略仍然远未达到最优策略。此外，对于不同高度的建筑物，3D 轨迹的优化需要在飞行过程中不断调整 UAV 高度，以实现最佳覆盖。这使任务期间 UAV 3D 轨迹上的时间消耗大于固定飞行高度情况下的时间消耗。

因此，当服务于大量分布式 IoT 节点时，固定飞行高度方案更适用于广域数据采集任务。因此，在接下来的仿真中选择固定高度 $H = 95$ m。

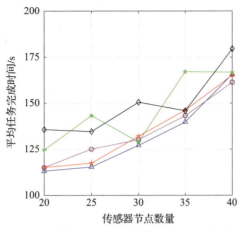

图 8.6　不同高度对平均任务完成时间的影响[182]

在图 8.7 中，在 40 个 IoT 节点和 $H = 95$ m 的情况下绘制 UAV 的轨迹，其中，红色三角形表示已服务的 IoT 节点，蓝色曲线表示 UAV 的轨迹。可以观察到，UAV 可以完成所有 IoT 节点的数据收集任务。在如此密集的城市环境中，建筑物更有可能阻塞空中 UAV 和地面 IoT 节点之间的 LoS 链路。然后在学习过程中，一旦 UAV 发现 LoS 链路阻塞，它将采取适当的飞行方向，尽快重建地-空 LoS 链路。这一事实表明，TD3-TDCTM 算法能够引导 UAV 感知和学习外部环境。因此，对于具有不完全 CSI 的实际问题，可以学习获得近似最优策略。

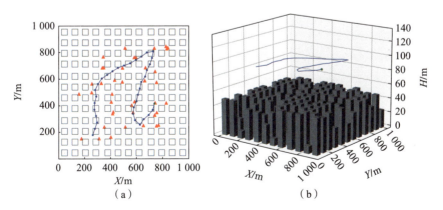

图 8.7　根据 TD3-TDCTM 算法生成的 UAV 2D 和 3D 飞行轨迹
（其中考虑了 40 个 IoT 节点[182]）

在图 8.8(a) 中，比较了不同方法与不同数量的 IoT 节点的平均任务完成时间。可以观察到，所提出的 TD3-TDCTM 算法的平均任务完成时间优于传统方案。对于 25 个 IoT 节点，TD3-TDCTM 算法比 RRT 算法节省 54.2 s，比 ACO 算法节省 84.9 s，比 Scan 策略节省 300.3 s。对于 Scan 策略，尽管无人机可以保证服务于所有 IoT 节点，但任务完成时间过长是无法忍受的。对于蚁群算法，虽然它解决了从无人机到每个 IoT 节点的最短路径问题，但没有利用无人机的感知能力，因此飞行轨迹中仍然存在大量冗余。RRT 算法是在 ACO 算法的基础上发展起来的，集成了探测机制，以避免不必要的飞行。然而，由于这种探索

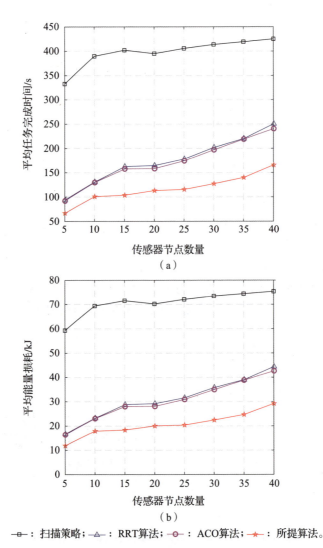

图 8.8 不同轨迹设计方案对平均任务完成时间以及平均能量损耗的影响[182]

是完全随机的,任务完成时间的缩短并不明显。相比之下,TD3-TDCTM 算法能够充分自适应地学习如何调整探索策略。因此,TD3-TDCTM 算法可以用最少的时间完成数据收集任务,同时确保每个 IoT 节点都能得到服务。

为了显示提出的方法在节能方面的优势,计算了无人机的能耗。具体而言,基于文献 [26],无人机的推进功率可建模为

$$P(v) = P_0 \left(1 + \frac{3v^2}{U_{\text{tip}}^2}\right) + P_1 \left(\sqrt{1 + \frac{v^4}{4v_0^4}} - \frac{v^2}{2v_0^2}\right)^{1/2} + \frac{1}{2}d_0 \varrho s A v^3 \tag{8.18}$$

式中,$v = v_n$ 是无人机的水平速度;$P_0 = 79.8563$ W 和 $P_1 = 88.6279$ W 是两个常数;$U_{\text{tip}} = 120$ m/s 代表旋翼桨叶的叶尖速度;$v_0 = 4.03$ m/s 是悬停时的平均旋翼诱导速度;$d_0 = 0.6$ 和 $s = 0.05$ 分别是机身阻力比和旋翼坚固度;$\varrho = 1.225$ kg/m^3 和 $A = 0.503$ m^2 分别表示空气密度和转子盘面积。图 8.8(b) 显示了不同方法相对于不同数量的 IoT 节点的平均飞行能耗。与 RRT 算法相比,TD3-TDCTM 算法可节省 43.6% 的飞行能量,与 ACO 算法相比,可节省 54.9%,与 25 个 IoT 节点的扫描策略相比,可节省 81.2%。由于大幅降低了无人机飞行的能耗,无人机可以节省更多的时间和能量来进行数据采集。

如图 8.9(a) 所示,可以观察到,没有奖励重塑的 TD3-TDCTM 算法在 40

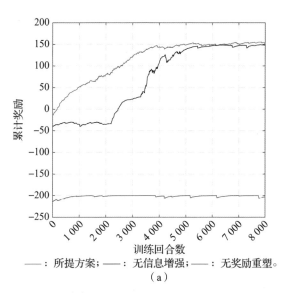

(a)

——:所提方案;——:无信息增强;——:无奖励重塑。

图 8.9 不同改进机制的有效性(包括信息增强、奖励整形、维度扩展和完成或终止,其中考虑了 40 个物联网节点[182])

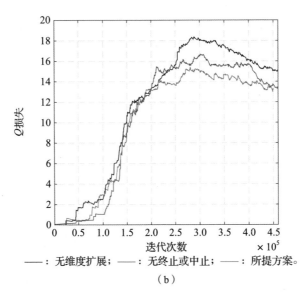

（b）

图 8.9　不同改进机制的有效性（包括信息增强、奖励整形、维度扩展和完成或中止，其中考虑了 40 个物联网节点[182]）（续）

个 IoT 节点的情况下根本不能很好地工作。然而，TD3-TDCTM 算法可以完成数据收集任务并收敛到更大和稳定的奖励。结果表明，奖励重塑机制可以保证算法的收敛性。此外，没有信息增强，累计报酬的收敛速度明显较慢。具体地说，如果没有信息增强，大约需要 5 000 回合才能确保收敛。相比之下，TD3-TDCTM 算法只需要大约 2 000 回合就可以达到收敛。结果表明，作为状态的一部分，引入额外的信息素信息可以提高智能体的决策效率。在图 8.9(b) 中，从 Q 损失的角度阐明了其他两个技巧的有效性。具体来说，可以看到没有无维度扩展和没有无终止或中止的 TD3-TDCTM 算法的 Q 损失波动比较大。因此，这两个技巧可以进一步提高收敛性能。

图 8.10 显示了在不同数量的 IoT 节点下训练阶段每集的累计奖励。观察到，随着训练次数的增加，累计奖励呈上升趋势。在训练了大约 2 000 集之后，累积的奖励逐渐变得平滑和稳定。此外。所提出的 TD3-TDCTM 算法在不同数量的物联网节点的情况下具有相似的收敛性能。因此，所提出的方案能够实现良好的收敛性和鲁棒性。

图 8.11 展示了所提出的 TD3-TDCTM 算法设计的无人机轨迹的平均 LoS 覆盖率。可以观察到，使用 LoS 链路完成数据采集任务的概率始终可以超过 85%。说明采用所提算法，设计的无人机航迹可以充分利用环境信息，尽可能建立 G2A LoS 链路。这样，可以沿着设计的无人机轨迹同时覆盖更多的物联网节点。

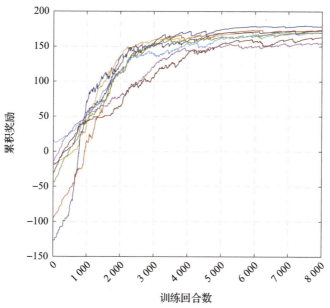

图 8.10 不同物联网节点数量下的累计奖励变化[182]

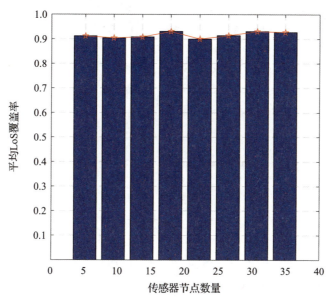

图 8.11 不同物联网节点数量下的平均服务水平覆盖率[182]

8.3 基于 DRL 的多用户 MISO 无人机通信下的三维轨迹优化

8.3.1 系统模型

如图 8.12 所示，考虑多用户下行链路 MISO UAV 通信系统，其中配备有 N_t 阵元的 ULA 的 UAV 被调度，以服务大量的单天线静态 GT。假设 K 个 GT 随机分布在一个给定的地理区域 $D\,\mathrm{m} \times D\,\mathrm{m}$ 中，GT 集由 $\mathcal{K} = \{1, 2, \cdots, K\}$ 表示。$\boldsymbol{w}_k = [\bar{x}_k, \bar{y}_k, 0] \in \mathbb{R}^3$ 表示第 k 个 GT 的坐标，$\boldsymbol{q}(t) = [x_t, y_t, z_t] \in \mathbb{R}^3, 0 \leqslant t \leqslant T$ 表示 UAV 的三维笛卡儿坐标，T 表示任务执行持续时间。

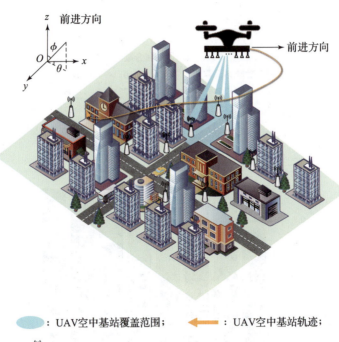

图 8.12 多天线 UAV 通信覆盖示意图 [182]

考虑了一种更实际的地空信道模型，它可以通过大尺度衰落和小尺度衰落来表征，并且两者都是基于模拟 3D 地图计算的，并考虑到建筑物作为传播散射体的存在。具体而言，建筑物的位置和高度是根据统计模型生成的。在该模型中，有三个参数用来描述城市环境，包括建筑物所覆盖的土地面积与总土地面积的比率

α、每平方千米的平均建筑物数量 β 及可建模为平均值 λ 的瑞利分布的建筑物高度。

给定一个具有模拟建筑物位置和高度的特定区域,可通过检查连接 UAV 和第 k 个 GT 的链路是否被某个建筑物阻挡,准确确定 UAV 和第 k 个 GT 之间是否存在 LoS 链路。因此,与第 k 个 GT 相关联的空地信道的大尺度衰落可以表示为

$$\mathrm{PL}_k(t) = \begin{cases} L_k^{\mathrm{FS}}(t) + \eta_{\mathrm{LoS}} \\ L_k^{\mathrm{FS}}(t) + \eta_{\mathrm{NLoS}} \end{cases} \quad (8.19)$$

式中,$L_k^{\mathrm{FS}}(t) = 20\lg d_k(t) + 20\lg f_c + 20\lg\left(\dfrac{4\pi}{c}\right)$ 表示 UAV 和第 k 个 GT 之间的自由空间路径损耗;$d_k(t) = \|\boldsymbol{q}(t) - \boldsymbol{w}_k\|$ 表示 UAV 到第 k 个 GT 的距离;f_c 表示中心频率;c 代表光速。此外,η_{LoS} 和 η_{NLoS} 分别表示 LoS 和 NLoS 链路的传播损耗,考虑 MISO UAV 通信系统,UAV 和第 k 个 GT 之间的基带等效复杂信道可以建模为

$$\boldsymbol{h}_k(t) = 10^{-\mathrm{PL}_k(t)/20}\boldsymbol{g}_k(t) \quad (8.20)$$

式中,$\boldsymbol{g}_k(t)$ 表示小尺度衰落,该衰落被建模为

$$\boldsymbol{g}_k(t) = \sqrt{\frac{G}{G+1}}\bar{\boldsymbol{g}}_k(t) + \sqrt{\frac{1}{G+1}}\tilde{\boldsymbol{g}}_k(t) \quad (8.21)$$

式中,G 是 Rician 因子;$\bar{\boldsymbol{g}}_k(t)$ 定义为

$$\bar{\boldsymbol{g}}_k(t) = \left[1, \mathrm{e}^{\mathrm{j}\pi\bar{\theta}_k}, \mathrm{e}^{\mathrm{j}\pi 2\bar{\theta}_k}, \cdots, \mathrm{e}^{\mathrm{j}\pi(N-1)\bar{\theta}_k}\right]^{\mathrm{T}} \quad (8.22)$$

式中,$\bar{\theta}_k$ 表示 UAV 和第 k 个 GT 之间的 LoS 路径的相位;$\tilde{\boldsymbol{g}}_k(t) \sim \mathcal{CN}(\boldsymbol{0}, \mathbf{I}_{N_t})$ 表示瑞利衰落信道分量。如图 8.12 所示,UAV 的 ULA 始终保持前进方向向量 $[1,0,0]$。因此,直接链接的角度可以表示为 $\bar{\theta}_k = (\bar{x}_k - x_t)/d_k(t)$。此外,假设 UAV 机动性引起的多普勒效应可以被很好地估计,并在接收机处进行补偿。

为了使 UAV 的轨迹优化问题易于处理,将连续时间域离散为具有不等持续时间长度的 N 时间步长 $\delta_n, n \in \{0, 1, \cdots, N\}$,并在一系列时间步长内执行数据传输任务,即 $\{\delta_0, \delta_1, \cdots, \delta_N\}$。此外,每个时间步长由两部分组成,即 $\delta_n = \delta_{\mathrm{ft}} + \delta_{\mathrm{ht},n}$,其中,$\delta_{\mathrm{ft}}$ 是固定的飞行时间,$\delta_{\mathrm{ht},n}$ 是数据传输的悬停时间。如果当前时间步中没有活动的 GT,UAV 将跳过悬停阶段并直接执行下一个时间

步，即 $\delta_{\mathrm{ht},n} = 0$ s。在每个时间步中，UAV 的移动策略可以表示为

$$x_{n+1} = x_n + m_n \sin(\phi_n)\cos(\theta_n) \tag{8.23}$$

$$y_{n+1} = y_n + m_n \sin(\phi_n)\sin(\theta_n) \tag{8.24}$$

$$z_{n+1} = z_n + m_n \cos(\phi_n) \tag{8.25}$$

式中，$m_n = \delta_{\mathrm{ft}} v_n$ 表示 UAV 的移动距离，$v_n \in [0, v_{\max}]$ 表示平均飞行速度；$v_{\max}$ 表示最大巡航速度；$\phi_n \in [0, \pi]$ 表示 UAV 从正 z 轴的俯仰角；$\theta_n \in (0, 2\pi]$ 表示 UAV 在 Oxy 平面上相对于 x 轴的水平方向。

此外，考虑下行链路通信系统有三个主要步骤：首先，UAV 只激活单个天线用于广播服务，唤醒满足通信需求的 GT；然后，有源 GT 将通过上行链路信道向 UAV 发送控制信号，UAV 空中基站将检测有源 GT 并估计相应的信道；最后，针对下行 MISO 数据传输业务，根据 TDD 系统的信道互易性在无人机上进行下行预编码。由于假设活跃设备检测和信道估计可以很好地解决，本节只关注第一步和最后一步。因此，在第 n 个时间步长的广播阶段，从 UAV 到第 k 个 GT 的信道增益可以表示为

$$h_{k,n}^1 = 10^{-\mathrm{PL}_{k,n}/20} g_{k,n} \tag{8.26}$$

假设只有当 GT 被 UAV 唤醒时，它才能通过上行信道将其状态反馈给 UAV，否则它将继续保持静默模式以节约能源。在第 n 个时间步中，如果第 k 个 GT 被唤醒，则第 k 个 GT 和 UAV 之间的 SNR 可以表示为

$$\rho_{k,n}^1 = \frac{P|h_{k,n}^1|^2}{\sigma^2} \tag{8.27}$$

式中，P 是广播阶段的发射机功率；σ^2 表示地面接收机的加性高斯白噪声 (AWGN) 功率。对于与第 k 个 GT 相关联的下行链路数据传输服务，设置了一个预定义的 SNR 阈值 ρ_{th}，并且当且仅当 $\rho_{k,n}^1 \geqslant \rho_{\mathrm{th}}$ 时，UAV 可以唤醒和服务第 k 个 GT。因此，定义了一个二进制变量 $b_{k,n} \in \{0,1\}$，以指示第 k 个 GT 是否能够满足 UAV 在第 n 个时间步中的 SNR 要求。由于假设每个 GT 在一次实现中最多只能服务一次，将第 k 个 GT 的指标函数定义为

$$\tilde{b}_{k,n} = \begin{cases} 1, & b_{k,n} = 1, c_{k,n} = 0 \\ 0, & \text{其他} \end{cases} \tag{8.28}$$

式中，$c_{k,n} \in \{0,1\}$ 是一个二进制变量，用于指示 UAV 是否为第 k 个 GT 提供了服务。因此，将服务标志 $c_{k,n}$ 定义为

$$c_{k,n/0} = \min\left\{\sum_{i=0}^{n} \tilde{b}_{k,i}, 1\right\}, c_{k,0} = 0 \tag{8.29}$$

如果 $c_{k,n} = 1$，则在任务期间，第 k 个 GT 已被服务；否则，第 k 个 GT 未被服务。

定义 $\mathcal{K}_n = \left\{k \in \mathcal{K} : \tilde{b}_{k,n} = 1\right\}$ 作为第 n 个时间步长传输阶段的活动 GT 集，并且 $K_n = |\mathcal{K}_n|$。当 $K_n \neq 0$ 时，相应的信道向量可以表示为

$$h_{k,n}^2 = 10^{-\mathrm{PL}_{k,n}/20} g_{k,n}, k \in \mathcal{K}_n \tag{8.30}$$

因此，相应的信道矩阵由 $\boldsymbol{H}_n = \left[\boldsymbol{h}_{1,n}^2, \boldsymbol{h}_{2,n}^2, \cdots, \boldsymbol{h}_{K_n,n}^2\right]^\mathrm{T} \in \mathbb{C}^{K_n \times N_t}$ 定义。然后，为了同时服务 K_n GT，UAV 首先使用规范化预编码矩阵 $\boldsymbol{W}_n \in \mathbb{C}^{N_t \times K_n}$ 对活动 GT 的数据符号进行编码。采用 ZF 预编码器，因为它可以较低的复杂度获得近似最优解。用满足 $\mathbb{E}\left[\boldsymbol{s}_n \boldsymbol{s}_n^H\right] = P\boldsymbol{I}_{K_n}$ 的 $\boldsymbol{s}_n \in \mathbb{C}^{K_n \times 1}$ 表示 GT 的信号向量。因此，在第 n 个时间步中激活 GT 处的接收信号可以表示为

$$\boldsymbol{y}_n = \boldsymbol{H}_n \boldsymbol{W}_n \boldsymbol{s}_n + \boldsymbol{q} \tag{8.31}$$

式中，$\boldsymbol{y}_n$ 的第 k 个元素是第 k 个 GT 的接收信号；$\boldsymbol{q} \sim \mathcal{CN}\left(\boldsymbol{0}, \sigma^2 \boldsymbol{I}_{K_n}\right)$ 是 AWGN 向量。这里，假设通过 TDD 系统的信道互易性，无人机可以完美地获得下行链路 CSI。对于 ZF 预编码，预编码矩阵 $\boldsymbol{W}_n$ 为

$$\boldsymbol{W}_n = \xi \boldsymbol{H}_n^\dagger \tag{8.32}$$

式中，$\boldsymbol{H}_n^\dagger = \boldsymbol{H}_n^\mathrm{H} \left(\boldsymbol{H}_n \boldsymbol{H}_n^\mathrm{H}\right)^{-1}$ 和 ξ 是一个常量，用于满足预编码后的总发射功率约束，可以表示为

$$\xi = \sqrt{\frac{K_n}{\mathrm{Tr}\left\{\boldsymbol{H}_n^\dagger \left(\boldsymbol{H}_n^\dagger\right)^\mathrm{H}\right\}}} \tag{8.33}$$

因此，通过 ZF 预编码，第 k 个 GT 的传输 SNR 可以表示为

$$\rho_{k,n}^2 = \frac{P\|\boldsymbol{h}_{k,n} \boldsymbol{w}_{k,n}\|^2}{\sigma^2}, k \in \mathcal{K}_n \tag{8.34}$$

UAV 和第 k 个 GT 之间的传输速率可以表示为

$$R_{k,n} = W\log_2\left(1 + \rho_{k,n}^2\right), k \in \mathcal{K}_n \tag{8.35}$$

式中，W 是 UAV 的传输带宽。因此，UAV 在第 n 个时间步中的悬停时间，等于从 $\mathcal{K}_n$ GT 获得的最大传输数据持续时间，可以表示为

$$\delta_{\mathrm{ht},n} = \max_{k \in \mathcal{K}_n}\left\{\frac{D_k}{R_{k,n}}\right\} \tag{8.36}$$

式中，D_k 表示第 k 个 GT 接收的信息文件大小。数据传输任务的完成标准是所有 GT 均已服务，可表示为

$$\sum_{k=1}^{K} c_{k,N} = K \tag{8.37}$$

因此，通过轨迹优化使任务完成时间最小化的问题可以表述为

$$\begin{aligned}
& \underset{\{v_n, \phi_n, \theta_n\}, N}{\text{minimize}} && \sum_{n=0}^{N} \delta_n \\
& \text{s.t.} && c_{k,n} = \min\left\{\sum_{i=0}^{n} \tilde{b}_{k,i}, 1\right\}, \forall n, k \\
& && \sum_{k=1}^{K} c_{k,N} = K \\
& && 0 \leqslant v_n \leqslant v_{\max}, \forall n \\
& && 0 \leqslant \phi_n \leqslant \pi, \forall n \\
& && 0 < \theta_n \leqslant 2\pi, \forall n \\
& && 0 \leqslant x_n \leqslant D, \forall n \\
& && 0 \leqslant y_n \leqslant D, \forall n \\
& && z_{\min} \leqslant z_n \leqslant z_{\max}, \forall n
\end{aligned} \tag{8.38}$$

式中，$z_{\min}$ 和 $z_{\max}$ 是无人机的高度限制。值得注意的是，上述优化问题是一个混合整数非凸问题，已知为 NP-hard 问题。此外，在所考虑的场景中，大尺度衰落和小尺度衰落取决于 UAV 和 GT 以及周围建筑物的瞬时位置，这使获得封闭形式的解决方案是不现实的。

8.3.2 基于 DDPG 的无人机轨迹优化

基于上述优化问题,将具有最小任务完成时间的无人机轨迹设计的原始问题转化为 MDP 结构,以便应用 DRL 算法。因此,与第一节的 MDP 定义类似,将 UAV 轨迹设计问题的状态、行动和奖励定义为以下形式。

1) 状态 $s_n, \forall n$:

$s_n = [b_{1,n}, b_{2,n}, \cdots, b_{K,n}; c_{1,n}, c_{2,n}, \cdots, c_{K,n}; x_n, y_n, z_n; \zeta_n]$ 是第 n 状态的完整表示,其基数等于 $2K+4$。在状态 s_n 中,$b_{k,n}$ 和 $c_{k,n}$ 反映了第 k 个 GT 的数据传输情况,$[x_n, y_n, z_n]$ 表示 UAV 的三维位置,ζ_n 表示任务期间环境和 UAV 代理之间的合并信息,可作为提高决策效率的附加信息,也可作为奖励设计的参考。假设每个 GT 包含一些信息素,这些信息素可以转移到 UAV。同时,UAV 上的信息素将不断蒸发,当 UAV 的运动违反边界时,更多的信息素将蒸发。具体而言,ζ_n 可以表示为

$$\zeta_n = \zeta_{n-1} + K_n \cdot \kappa_{\text{cov}} - \kappa_{\text{dis}} - P_{\text{ob}} \tag{8.39}$$

式中,ζ_{n-1} 是第 $n-1$ 时间步中剩余的信息素;κ_{cov} 是一个正常数,用于表示每个 GT 捕获的信息素;κ_{dis} 是一个正常数,表示丢失的信息素;P_{ob} 是一个动作导致 UAV 边界违规时的惩罚。

2) 动作 $a_n, \forall n$:

该动作定义为 $a_n = [v_n, \phi_n, \theta_n]$。由于所有动作变量都取连续值,因此无人机的轨迹优化是一个连续控制问题。

3) 奖励 $r_n, \forall n$:

对于上述数据传输任务,UAV 代理只有在指定的时间步长内完成所有 GT 的数据传输才能获得正奖励,即中间过程中没有奖励。此外,在训练开始时,agent 的策略是随机的,奖励的获取需要一系列复杂的操作。因此,该任务同样是一个稀疏奖励问题,与第一节类似,将奖励设计为

$$r_n = \begin{cases} r_{\tanh}(\zeta_n) + N_{\text{re}}, & \sum_{k=1}^{K} c_{k,n} = K \\ r_{\tanh}(\zeta_n), & \text{其他} \end{cases} \tag{8.40}$$

由于信息素 ζ_n 的动态变化,UAV 代理可以在探索阶段获得密集奖励。此外,奖励函数的梯度信息可以加速算法的收敛。此外,UAV 将在任务完成时间阶段获得剩余时间奖励 $N_{\text{re}} = N_{\max} - n$,从而鼓励 UAV 尽快完成数据传输任务。算法的具体步骤见算法 8.2。

算法 8.2：提出的多用户 MISO UAV 通信系统 3D 轨迹设计 [182]
___
1: 以随机参数 θ^Q, θ^μ 初始化 critic 网络 $Q(s,a|\theta^Q)$ 和 actor 网络 $\pi(s|\theta^\mu)$
2: 以随机参数 $\theta^{Q'} \leftarrow \theta^Q$, $\theta^{\mu'} \leftarrow \theta^\mu$ 初始化目标网络 Q' 和 μ'
3: 初始化经验回放缓冲区 R
4: **for** episode $= 0 : M$
5:    初始化环境，接收初始状态 s_0，设置 $n=0$
6:    **repeat**
7:       选择一个飞行动作 $a_n = \pi(s_n|\theta^\mu) + \sigma\epsilon$，其中，$\epsilon$ 是一个高斯噪声，σ 是一个衰减常数；观测到一个奖励 $r_n = r_{\tanh}(\zeta_n)$ 和一个新状态 s_{n+1}
8:       **if** 无人机飞出边界
9:          $\zeta_n = \zeta_n - P_{\text{ob}}$，其中，$P_{\text{ob}}$ 是预设的惩罚。同时，无人机的移动将被取消，并相应地更新 r_n, s_{n+1}。
10:      **if** 无人机完成数据传输任务，即 $\sum_{k=1}^{K} c_{k,n} = K$
11:        $r_n = r_n + N_{\text{re}}$，并且该回合提前终止。
12:      将状态样本 (s_n, a_n, r_n, s_{n+1}) 存入 R
13:      **if** $R > 2\,000$
14:        从 R 中随机采样小批量的 B 个样本
15:        通过最小化 $L(\theta) = \mathbb{E}\left[(y - Q_\theta(s,a))^2\right]$ 更新 critic 网络
16:        采用样本梯度 $\nabla_\phi J(\phi) = \mathbb{E}\left[\nabla_a Q_\theta(s,a)|_{a=\pi_\phi(s)} \nabla_\phi \pi_\phi(s)\right]$ 更新 actor 策略网络
17:        采用以下方式更新目标网络：
18:          $\theta^{Q'} = \tau\theta^Q + (1-\tau)\theta^{Q'}$
19:          $\theta^{\mu'} = \tau\theta^\mu + (1-\tau)\theta^{\mu'}$
20:      更新 $n \leftarrow n+1$
21:    **until** $n = N_{\max}$ or $\sum_{k=1}^{K} c_{k,n} = K$
22: **end for**
___

8.3.3 仿真数值结果

仿真参数的设置与前一节类似，其中，UAV 基站的天线数 $N_t = 12$。对于网络模型参数，所有的 actor 和 critic 网络都是由一个有 200 个神经元的 2 层全连接前馈神经网络构成的。为了鼓励 UAV 探索环境，在训练阶段，将衰减率 $\sigma = 0.999$ 的高斯分布噪声 $\epsilon \sim \mathcal{N}(0, 0.36)$ 添加到动作中。另外，最大回合数为 $M = 8\,000$，经验回放缓冲区容量为 $R = 1.25 \times 10^5$，目标网络软更新率为 $\tau = 0.005$，折扣因子为 $\gamma = 0.99$，mini-batch 大小为 $B = 256$，每回合的最大时间步长为 $N_{\max} = 200$。

在图 8.13 中，在 40 GT 的情况下绘制了 UAV 的轨迹，其中，红色三角形表

示服务 GT，蓝色曲线表示 UAV 的轨迹。可以观察到，UAV 可以完成所有 GT 的数据传输任务。在如此密集的城市环境中，建筑物更有可能阻挡空中 UAV 和地面 GT 之间的 LoS 链路。然后，随着学习过程的进行，一旦 UAV 发现 LoS 链路阻塞，它将采取适当的巡航方向，尽快重建 LoS 链路。此外，UAV 将自适应调整其高度，以在 LoS 概率和大尺度衰落的影响之间进行权衡。这一结果表明，DRL-TDCTM 算法能够引导 UAV 感知和学习外部环境，实现以 UAV 与环境之间最小的信息交换来获得这个实际问题的近似最优策略。

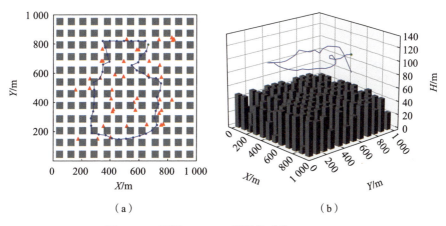

图 8.13　根据 DDPG 算法生成的 2D、3D 多天线 UAV 通信覆盖仿真图[182]

图 8.14(a) 比较了不同方法与不同数量 GT 的平均任务完成时间。可以观察到，所提出的 DRL-TDCTM 算法的平均任务完成时间优于传统方案。对于 25 个 GT 的情况，DRL-TDCTM 算法比 ACO 算法节省 80.3 s，比 Scan 策略节省 291.5 s。对于 Scan 策略，尽管 UAV 可以保证服务于所有 GT，但任务完成时间过长是无法忍受的。对于 ACO 算法，虽然它解决了从 UAV 到每个 GT 的最短路径问题，但它没有利用 UAV 的感知能力，因此飞行轨迹中仍然存在大量冗余。相比之下，DRL-TDCTM 算法能够充分自适应地学习如何调整探索策略。此外，这些基线方法只能设计 UAV 的 2D 轨迹，而所提出的方法可以设计具有较高自由度的 3D 轨迹。因此，DRL-TDCTM 算法可以用最少的时间完成数据传输任务，同时确保每个 GT 都可以服务。

图 8.14(b) 显示了不同 GT 数量下训练阶段每回合的累计奖励。随着训练次数的增加，累计奖励呈上升趋势。经过 6 000 次迭代左右的训练，累计的奖励逐渐变得平稳。此外，所提出的 DRL-TDCTM 算法在不同 GT 数的情况下具有相似的收敛性能。因此，该方案具有良好的收敛性和鲁棒性。

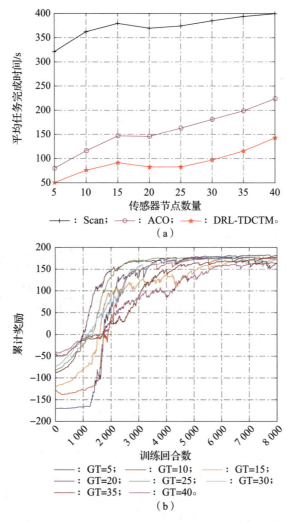

图 8.14　GT 数量对平均任务完成时间 (a) 和收敛性能 (b) 的影响 [182]

8.4　小结

　　本章围绕 UAV 通信中的轨迹优化问题，讨论了两种不同场景下，具有环境自适应能力的基于 DRL 的 UAV 轨迹优化算法，该方案能够有效解决传统优化方法场景固定、CSI 完美已知等问题。具体来说，本章针对 UAV 辅助 IoT 数据收集任务，考虑动态变化信道建模，提出了基于 TD3 的 UAV 轨迹优化方案，该设计能够连续控制 UAV，并根据外界环境自适应学习如何调整其飞行策略。此外，受蚁群算法的启发，以融合信息素表示 UAV 与环境之间的状态信息，将其作为奖励函数的输入，进而引导 UAV 学习最佳轨迹优化策略。为加快算法收敛，采用信息增强技术，即在状态中加入融合信息素，以提高学习效率。另外，考虑到原始问题的稀疏奖励，提出了奖励重塑机制，将原始的稀疏奖励转化为密集奖励，以克服原始问题难以训练的缺点。此外，仿真结果表明，相比已有的方法，提出的方法可以显著提高 UAV IoT 数据收集任务的完成效率，大大降低 UAV 能耗。

此外，本章考虑多用户下行 MISO UAV 通信系统，提出了一种基于 DDPG 的 3D 轨迹优化方案，以最短时间完成所有 GT 的通信覆盖。具体来说，设计了多天线 UAV 服务于分布在 3D 城市场景中的多个 GT 的流程。之后，为处理具有无限动作空间的连续控制问题，利用 DDPG 算法实现 UAV 的 3D 连续轨迹优化。对于提出的 3D 轨迹设计方案，通过系统仿真分析进行鲁棒性的评估。此外，还分析了所提方案在用户覆盖率和任务完成时间方面的性能，与传统设计方法相比，能显著提高系统的覆盖率和能量效率，有着较为明显的优势。

参考文献

[1] Alwis C D, Kalla A, Pham Q V, et al. Survey on 6G frontiers: Trends, applications, requirements, technologies and future research[J/OL]. IEEE Open Journal of the Communications Society, 2021, 2: 836-886.

[2] Jiang W, Han B, Habibi M A, et al. The road towards 6G: A comprehensive survey[J/OL]. IEEE Open Journal of the Communications Society, 2021, 2: 334-366.

[3] Gupta A, Jha R K. A survey of 5G network: Architecture and emerging technologies[J/OL]. IEEE Access, 2015, 3: 1206-1232.

[4] Dogra A, Jha R K, Jain S. A survey on beyond 5G network with the advent of 6G: Architecture and emerging technologies[J/OL]. IEEE Access, 2021, 9: 67512-67547.

[5] Chen S, Zhao J, Peng Y. The development of TD-SCDMA 3G to TD-LTE-advanced 4G from 1998 to 2013[J/OL]. IEEE Wireless Communications, 2014, 21(6): 167-176.

[6] Papapanagiotou I, Toumpakaris D, Lee J, et al. A survey on next generation mobile WiMAX networks: objectives, features and technical challenges[J/OL]. IEEE Communications Surveys & Tutorials, 2009, 11(4): 3-18.

[7] Agiwal M, Roy A, Saxena N. Next generation 5G wireless networks: A comprehensive survey[J/OL]. IEEE Communications Surveys & Tutorials, 2016, 18(3): 1617-1655.

[8] Rappaport T S, Xing Y, Kanhere O, et al. Wireless communications and applications above 100 GHz: Opportunities and challenges for 6G and beyond[J/OL]. IEEE Access, 2019, 7: 78729-78757.

[9] Venugopal K, Alkhateeb A, Prelcic N G, et al. Channel estimation for hybrid architecture-based wideband millimeter wave systems[J]. IEEE Journal on Selected Areas in Communications, 2017, 35(9): 1996-2009.

[10] Rodriguez-Fernandez J, Gonzalez-Prelcic N, Venugopal K, et al. Frequency-

domain compressive channel estimation for frequency-selective hybrid millimeter wave MIMO systems[J]. IEEE Transactions on Wireless Communications, 2018, 17(5): 2946-2960.

[11] Lin X, Wu S, Jiang C, et al. Estimation of broadband multiuser millimeter wave massive mimoofdm channels by exploiting their sparse structure[J]. IEEE Transactions on Wireless Communications, 2018, 17(6): 3959-3973.

[12] Ke M, Gao Z, Wu Y, et al. Compressive sensing-based adaptive active user detection and channel estimation: Massive access meets massive MIMO[J/OL]. IEEE Transactions on Signal Processing, 2020, 68: 764-779.

[13] Ayach O E, Rajagopal S, Abu-Surra S, et al. Spatially sparse precoding in millimeter wave MIMO systems[J/OL]. IEEE Transactions on Wireless Communications, 2014, 13(3): 1499-1513.

[14] Di Renzo M, Zappone A, Debbah M, et al. Smart radio environments empowered by reconfigurable intelligent surfaces: How it works, state of research, and the road ahead[J/OL]. IEEE Journal on Selected Areas in Communications, 2020, 38(11): 2450-2525.

[15] Liu Y, Liu X, Mu X, et al. Reconfigurable intelligent surfaces: Principles and opportunities [J/OL]. IEEE Communications Surveys & Tutorials, 2021, 23(3): 1546-1577.

[16] Wu Q, Zhang R. Intelligent reflecting surface enhanced wireless network via joint active and passive beamforming[J/OL]. IEEE Transactions on Wireless Communications, 2019, 18(11): 5394-5409.

[17] Wang P, Fang J, Yuan X, et al. Intelligent reflecting surface-assisted millimeter wave communications: Joint active and passive precoding design[J/OL]. IEEE Transactions on Vehicular Technology, 2020, 69(12): 14960-14973.

[18] Pradhan C, Li A, Song L, et al. Hybrid precoding design for reconfigurable intelligent surface aided mmWave communication systems[J/OL]. IEEE Wireless Communications Letters, 2020, 9(7): 1041-1045.

[19] Mishra D, Johansson H. Channel estimation and low-complexity beamforming design for passive intelligent surface assisted MISO wireless energy transfer[C/OL]. ICASSP 2019 — 2019 IEEE International Conference on Acoustics, Speech and Signal Processing (ICASSP), 2019: 4659-4663.

[20] He Z Q, Yuan X. Cascaded channel estimation for large intelligent metasurface assisted massive MIMO[J/OL]. IEEE Wireless Communications Letters,

2020, 9(2): 210-214.

[21] Wang P, Fang J, Duan H, et al. Compressed channel estimation for intelligent reflecting surfaceassisted millimeter wave systems[J/OL]. IEEE Signal Processing Letters, 2020, 27: 905-909.

[22] Zheng B, Zhang R. Intelligent reflecting surface-enhanced OFDM: Channel estimation and reflection optimization[J/OL]. IEEE Wireless Communications Letters, 2020, 9(4): 518-522.

[23] Li B, Fei Z, Zhang Y. Uav communications for 5G and beyond: Recent advances and future trends[J/OL]. IEEE Internet of Things Journal, 2019, 6(2): 2241-2263.

[24] Abdulla A E, Fadlullah Z M, Nishiyama H, et al. An optimal data collection technique for improved utility in UAS-aided networks[C/OL]. IEEE INFOCOM 2014 — IEEE Conference on Computer Communications, 2014: 736-744.

[25] Zeng Y, Zhang R, Lim T J. Wireless communications with unmanned aerial vehicles: Opportunities and challenges[J/OL]. IEEE Communications Magazine, 2016, 54(5): 36-42.

[26] Zhang J, Zeng Y, Zhang R. Multi-antenna uav data harvesting: Joint trajectory and communication optimization[J/OL]. Journal of Communications and Information Networks, 2020, 5(1): 86-99.

[27] Xu D, Sun Y, Ng D W K, et al. Multiuser MISO UAV communications in uncertain environments with no-fly zones: Robust trajectory and resource allocation design[J/OL]. IEEE Transactions on Communications, 2020, 68(5): 3153-3172.

[28] Zeng Y, Xu X, Zhang R. Trajectory design for completion time minimization in UAV-enabled multicasting[J/OL]. IEEE Transactions on Wireless Communications, 2018, 17(4): 2233-2246.

[29] Eldar Y C, Goldsmith A, Gunduz D, et al. Machine learning and wireless communications[M]. Cambridge University Press, 2022.

[30] Qin Z, Ye H, Li G Y, et al. Deep learning in physical layer communications[J/OL]. IEEE Wireless Communications, 2019, 26(2): 93-99.

[31] Borgerding M, Schniter P, Rangan S. AMP-inspired deep networks for sparse linear inverse problems[J/OL]. IEEE Transactions on Signal Processing, 2017, 65(16): 4293-4308.

[32] Ma X, Gao Z, Gao F, et al. Model-driven deep learning based channel estimation and feedback for millimeter-wave massive hybrid MIMO systems[J/OL]. IEEE Journal on Selected Areas in Communications, 2021, 39(8): 2388-2406.

[33] Ma X, Gao Z. Data-driven deep learning to design pilot and channel estimator for massive MIMO[J]. IEEE Transactions on Vehicular Technology, 2020, 69(5): 5677-5682.

[34] Mashhadi M B, Gunduz D. Pruning the pilots: Deep learning-based pilot design and channel estimation for MIMO-OFDM systems[J/OL]. IEEE Transactions on Wireless Communications, 2021, 20(10): 6315-6328.

[35] Wen C K, Shih W T, Jin S. Deep learning for massive MIMO CSI feedback[J]. IEEE Wireless Communications Letters, 2018, 7(5): 748-751.

[36] Lu C, Xu W, Jin S, et al. Bit-level optimized neural network for multi-antenna channel quantization[J/OL]. IEEE Wireless Communications Letters, 2020, 9(1): 87-90.

[37] Lu C, Xu W, Shen H, et al. MIMO channel information feedback using deep recurrent network [J/OL]. IEEE Communications Letters, 2019, 23(1): 188-191.

[38] Elbir A M, Vijay Mishra K. Low-complexity limited-feedback deep hybrid beamforming for broadband massive MIMO[C/OL]. 2020 IEEE 21st International Workshop on Signal Processing Advances in Wireless Communications (SPAWC), 2020: 1-5.

[39] Gao Z, Wu M, Hu C, et al. Data-driven deep learning based hybrid beamforming for aerial massive MIMO-OFDM systems with implicit CSI[J/OL]. IEEE Journal on Selected Areas in Communications, 2022, 40(10): 2894-2913.

[40] Taha A, Alrabeiah M, Alkhateeb A. Deep learning for large intelligent surfaces in millimeter wave and massive MIMO systems[C/OL]. 2019 IEEE Global Communications Conference (GLOBECOM), 2019: 1-6.

[41] Taha A, Alrabeiah M, Alkhateeb A. Enabling large intelligent surfaces with compressive sensing and deep learning[J/OL]. IEEE Access, 2021, 9: 44304-44321.

[42] Elbir A M, Papazafeiropoulos A, Kourtessis P, et al. Deep channel learning for large intelligent surfaces aided mmWave massive MIMO systems[J/OL]. IEEE Wireless Communications Letters, 2020, 9(9): 1447-1451.

[43] Liu S, Gao Z, Zhang J, et al. Deep denoising neural network assisted compressive channel estimation for mmWave intelligent reflecting surfaces[J/OL]. IEEE Transactions on Vehicular Technology, 2020, 69(8): 9223-9228.

[44] Sutton R S, Barto A G. Reinforcement learning: An introduction[J]. Robotica, 1999, 17(2): 229-235.

[45] Yang P, Cao X, Xi X, et al. Three-dimensional continuous movement control of drone cells for energy-efficient communication coverage[J/OL]. IEEE Transactions on Vehicular Technology, 2019, 68(7): 6535-6546.

[46] Zhang B, Liu C H, Tang J, et al. Learning-based energy-efficient data collection by unmanned vehicles in smart cities[J/OL]. IEEE Transactions on Industrial Informatics, 2018, 14(4): 1666-1676.

[47] Liu C H, Chen Z, Zhan Y. Energy-efficient distributed mobile crowd sensing: A deep learning approach[J/OL]. IEEE Journal on Selected Areas in Communications, 2019, 37(6): 1262-1276.

[48] Zeng Y, Xu X. Path design for cellular-connected UAV with reinforcement learning[C/OL]. 2019 IEEE Global Communications Conference (GLOBECOM), 2019: 1-6.

[49] Yi M, Wang X, Liu J, et al. Deep reinforcement learning for fresh data collection in UAV-assistediot networks[C/OL]. IEEE INFOCOM 2020 — IEEE Conference on Computer Communications Workshops (INFOCOM WKSHPS), 2020: 716-721.

[50] Krizhevsky A, Sutskever I, Hinton G E. Imagenet classification with deep convolutional neural networks[J]. Communications of the ACM, 2017, 60(6): 84-90.

[51] Simonyan K, Zisserman A. Very deep convolutional networks for large-scale image recognition [J]. arXiv Preprint arXiv:1409.1556, 2014.

[52] Szegedy C, Liu W, Jia Y, et al. Going deeper with convolutions[C]. Proceedings of the IEEE Conference on Computer Vision and Pattern Recognition (CVPR), 2015.

[53] Chollet F. Xception: Deep learning with depthwise separable convolutions[C]. Proceedings of the IEEE Conference on Computer Vision and Pattern Recognition (CVPR), 2017.

[54] He K, Zhang X, Ren S, et al. Deep residual learning for image recognition[C].

Proceedings of the IEEE Conference on Computer Vision and Pattern Recognition (CVPR), 2016.

[55] Jaderberg M, Simonyan K, Zisserman A, et al. Spatial transformer networks[C/OL]. Advances in Neural Information Processing Systems: volume 28. Curran Associates, Inc., 2015. https://proceedings.neurips.cc/paper_files/paper/2015/file/33ceb07bf4eeb3 da587e268d663aba1a-Paper.pdf.

[56] Woo S, Park J, Lee J Y, et al. Cbam: Convolutional block attention module[C]. Proceedings of the European Conference on Computer Vision (ECCV), 2018.

[57] Hu J, Shen L, Sun G. Squeeze-and-excitation networks[C]. Proceedings of the IEEE Conference on Computer Vision and Pattern Recognition (CVPR), 2018.

[58] Fu J, Liu J, Tian H, et al. Dual attention network for scene segmentation[C]. Proceedings of the IEEE/CVF Conference on Computer Vision and Pattern Recognition (CVPR), 2019.

[59] Vaswani A, Shazeer N, Parmar N, et al. Attention is all you need [C/OL]. Advances in Neural Information Processing Systems: volume 30. Curran Associates, Inc., 2017. https://proceedings.neurips.cc/paper_files/paper/2017/file/3f5ee243547dee 91fbd053c1c4a845aa-Paper.pdf.

[60] Rumelhart D E, Hinton G E, Williams R J. Learning representations by back-propagating errors [J]. Nature, 1986, 323(6088): 533-536.

[61] Memory S. Long Short-term Memory[M]. Neural Computation MIT Press, 1997.

[62] Cho K, Van Merrienboer B, Gulcehre C, et al. Learning phrase representations using RNN encoder-decoder for statistical machine translation[J]. arXiv Preprint arXiv:1406.1078, 2014.

[63] Kirillov A, Mintun E, Ravi N, et al. Segment anything[J]. arXiv Preprint arXiv:2304.02643, 2023.

[64] Fadlullah Z M, Tang F, Mao B, et al. State-of-the-art deep learning: Evolving machine intelligence toward tomorrow's intelligent network traffic control systems[J/OL]. IEEE Communications Surveys & Tutorials, 2017, 19(4): 2432-2455.

[65] Wang X, Han Y, Wang C, et al. In-edge AI: Intelligentizing mobile edge computing, caching and communication by federated learning[J/OL]. IEEE

Network, 2019, 33(5): 156-165.

[66] Ye H, Li G Y, Juang B H. Power of deep learning for channel estimation and signal detection in OFDM systems[J/OL]. IEEE Wireless Communications Letters, 2018, 7(1): 114-117.

[67] Alkhateeb A, Alex S, Varkey P, et al. Deep learning coordinated beamforming for highly-mobile millimeter wave systems[J/OL]. IEEE Access, 2018, 6: 37328-37348.

[68] Huang H, Song Y, Yang J, et al. Deep-learning-based millimeter-wave massive MIMO for hybrid precoding[J/OL]. IEEE Transactions on Vehicular Technology, 2019, 68(3): 3027-3032.

[69] Xiao H, Tian W, Liu W, et al. Channelgan: Deep learning-based channel modeling and generating[J/OL]. IEEE Wireless Communications Letters, 2022, 11(3): 650-654.

[70] Xie H, Qin Z, Li G Y, et al. Deep learning enabled semantic communication systems[J/OL]. IEEE Transactions on Signal Processing, 2021, 69: 2663-2675.

[71] Heath R W, Gonzalez-Prelcic N, Rangan S, et al. An overview of signal processing techniques for millimeter wave MIMO systems[J]. IEEE Journal of Selected Topics in Signal Processing, 2017, 10(3): 436-453.

[72] Gao Z, Dai L, Mi D, et al. mmWave massive MIMO based wireless backhaul for the 5G ultradense network[J]. IEEE Wireless Communications, 2015, 22(5): 12-21.

[73] Wei L, Hu R, Yi Q, et al. Key elements to enable millimeter wave communications for 5G wireless systems[J]. IEEE Wireless Communications, 2014, 21(6): 136-143.

[74] Rusek F, Persson D, Lau B K, et al. Scaling up MIMO: Opportunities and challenges with very large arrays[J]. Signal Processing Magazine IEEE, 2012, 30(1): 40-60.

[75] Gao, Z., Dai, et al. Spatially common sparsity based adaptive channel estimation and feedback for FDD massive MIMO[J]. Signal Processing IEEE Transactions on, 2015.

[76] Rodriguez-Fernandez J, Gonzalez-Prelcic N, Venugopal K, et al. Frequency-domain compressive channel estimation for frequency-selective hybrid mmWave MIMO systems[J]. IEEE Transactions on Wireless Communica-

tions, 2017: 1-1.

[77] Kingma D, Ba J. Adam: A method for stochastic optimization[J]. Computer Science, 2014.

[78] Dong P, Zhang H, Li G Y, et al. Deep cnn based channel estimation for mmWave massive MIMO systems[J]. IEEE Journal of Selected Topics in Signal Processing, 2019, 13(5): 989-1000.

[79] He H, Wen C K, Jin S, et al. Deep learning-based channel estimation for beamspace mmWave massive MIMO systems[J/OL]. IEEE Wireless Communications Letters, 2018, 7(5): 852-855.

[80] Ma X, Gao Z. Data-driven deep learning to design pilot and channel estimator for massive MIMO[J/OL]. IEEE Transactions on Vehicular Technology, 2020, 69(5): 5677-5682.

[81] Gao Z, Dai L, Han S, et al. Compressive sensing techniques for next-generation wireless communications[J/OL]. IEEE Wireless Communications, 2018, 25(3): 144-153.

[82] You L, Chen X, Song X, et al. Network massive MIMO transmission over millimeter-wave and terahertz bands: Mobility enhancement and blockage mitigation[J/OL]. IEEE Journal on Selected Areas in Communications, 2020, 38(12): 2946-2960.

[83] Wan Z, Gao Z, Gao F, et al. Terahertz massive MIMO with holographic reconfigurable intelligent surfaces[J/OL]. IEEE Transactions on Communications, 2021, 69(7): 4732-4750.

[84] Zhang J, Bjornson E, Matthaiou M, et al. Prospective multiple antenna technologies for beyond 5G[J/OL]. IEEE Journal on Selected Areas in Communications, 2020, 38(8): 1637-1660.

[85] Gao Z, Dai L, Wang Z, et al. Spatially common sparsity based adaptive channel estimation and feedback for FDD massive MIMO[J]. IEEE Transactions on Signal Processing, 2015, 63(23):6169-6183.

[86] Dovelos K, Matthaiou M, Ngo H Q, et al. Channel estimation and hybrid combining for wideband terahertz massive MIMO systems[J/OL]. IEEE Journal on Selected Areas in Communications, 2021, 39(6): 1604-1620.

[87] Mirza J, Ali B. Channel estimation method and phase shift design for reconfigurable intelligent surface assisted MIMO networks[J/OL]. IEEE Transactions on Cognitive Communications and Networking, 2021, 7(2): 441-451.

[88] He J, Wymeersch H, Juntti M. Channel estimation for RIS-aided mmWave MIMO systems VIA atomic norm minimization[J/OL]. IEEE Transactions on Wireless Communications, 2021, 20(9): 5786-5797.

[89] Han Y, Liu Q, Wen C K, et al. FDD massive MIMO based on efficient downlink channel reconstruction[J]. IEEE Transactions on Communications, 2019, 67(6): 4020-4034.

[90] Ghanaatian R, Jamali V, Burg A, et al. Feedback-aware precoding for millimeter wave massive MIMO systems[C]. 2019 IEEE 30th Annual International Symposium on Personal, Indoor and Mobile Radio Communications (PIMRC). IEEE, 2019: 1-7.

[91] Nair S S, Bhashyam S. Hybrid beamforming in MU-MIMO using partial interfering beam feedback[J]. IEEE Communications Letters, 2020, 24(7): 1548-1552.

[92] Castellanos M R, Raghavan V, Ryu J H, et al. Channel-reconstruction-based hybrid precoding for millimeter-wave multiuser MIMO systems[J]. IEEE Journal of Selected Topics in Signal Processing, 2018, 12(2): 383-398.

[93] Guo J, Li X, Chen M, et al. AI enabled wireless communications with real channel measurements: Channel feedback[J]. Journal of Communications and Information Networks, 2020, 5(3): 310-317.

[94] Ye H, Gao F, Qian J, et al. Deep learning-based denoise network for CSI feedback in FDD massive MIMO systems[J]. IEEE Communications Letters, 2020, 24(8): 1742-1746.

[95] Wu M, Gao Z, Huang Y, et al. Deep learning-based rate-splitting multiple access for reconfigurable intelligent surface-aided Tera-Hertz massive MIMO[J/OL]. IEEE Journal on Selected Areas in Communications, 2023, 41(5): 1431-1451.

[96] Rajamohan N, Joshi A, Kannu A P. Joint block sparse signal recovery problem and applications in LTE cell search[J/OL]. IEEE Transactions on Vehicular Technology, 2017, 66(2): 1130-1143.

[97] Ke M, Gao Z, Wu Y, et al. Compressive sensing-based adaptive active user detection and channel estimation: Massive access meets massive MIMO[J/OL]. IEEE Transactions on Signal Processing, 2020, 68: 764-779.

[98] Andrews J G, Buzzi S, Choi W, et al. What will 5G be?[J/OL]. IEEE Journal on Selected Areas in Communications, 2014, 32(6): 1065-1082.

[99] Kong L, Ye L, Wu F, et al. Autonomous relay for millimeter-wave wireless communications [J/OL]. IEEE Journal on Selected Areas in Communications, 2017, 35(9): 2127-2136.

[100] Xie T, Dai L, Gao X, et al. Geometric mean decomposition based hybrid precoding for millimeter-wave massive MIMO[J/OL]. China Communications, 2018, 15(5): 229-238.

[101] El Ayach O, Rajagopal S, Abu-Surra S, et al. Spatially sparse precoding in millimeter-wave MIMO systems[J]. IEEE Transactions on Wireless Communications, 2014, 13(3): 1499-1513.

[102] Chen C H, Tsai C R, Liu Y H, et al. Compressive sensing (CS) assisted low-complexity beamspace hybrid precoding for millimeter-wave MIMO systems[J]. IEEE Transactions on Signal Processing, 2016, 65(6): 1412-1424.

[103] Mao J, Gao Z, Wu Y, et al. Over-sampling codebook-based hybrid minimum sum-mean-squareerror precoding for millimeter-wave 3D-MIMO[J/OL]. IEEE Wireless Communications Letters, 2018, 7(6): 938-941.

[104] Liang L, Xu W, Dong X. Low-complexity hybrid precoding in massive multiuser MIMO systems [J/OL]. IEEE Wireless Communications Letters, 2014, 3(6): 653-656.

[105] Alkhateeb A, Leus G, Heath R W. Limited feedback hybrid precoding for multiuser millimeter wave systems[J]. IEEE Transactions on Wireless Communications, 2015, 14(11): 6481-6494.

[106] Sohrabi F, Yu W. Hybrid digital and analog beamforming design for large-scale antenna arrays [J]. IEEE Journal of Selected Topics in Signal Processing, 2016, 10(3): 501-513.

[107] Wang Z, Li M, Tian X, et al. Iterative hybrid precoder and combiner design for mmWave multiuser MIMO systems[J/OL]. IEEE Communications Letters, 2017, 21(7): 1581-1584.

[108] Gao X, Dai L, Han S, et al. Energy-efficient hybrid analog and digital precoding for mmWave MIMO systems with large antenna arrays[J/OL]. IEEE Journal on Selected Areas in Communications, 2016, 34(4): 998-1009.

[109] Yu X, Shen J C, Zhang J, et al. Alternating minimization algorithms for hybrid precoding in millimeter-wave MIMO systems[J]. IEEE Journal of Selected Topics in Signal Processing, 2016, 10(3): 485-500.

[110] Park S, Alkhateeb A, Heath R W. Dynamic subarrays for hybrid preco-

ding in wideband mmWave MIMO systems[J/OL]. IEEE Transactions on Wireless Communications, 2017, 16(5): 2907-2920.

[111] Yu X, Shen J C, Zhang J, et al. Alternating minimization algorithms for hybrid precoding in millimeter-wave MIMO systems[J/OL]. IEEE Journal of Selected Topics in Signal Processing, 2016, 10(3): 485-500.

[112] Shi Q, Razaviyayn M, Luo Z Q, et al. An iteratively weighted MMSE approach to distributed sum-utility maximization for a MIMO interfering broadcast channel[J/OL]. IEEE Transactions on Signal Processing, 2011, 59(9): 4331-4340.

[113] Jin J, Zheng Y R, Chen W, et al. Hybrid precoding for millimeter wave MIMO systems: A matrix factorization approach[J/OL]. IEEE Transactions on Wireless Communications, 2018, 17(5):3327-3339.

[114] Gao Z, Dai L, Yuen C, et al. Asymptotic orthogonality analysis of time-domain sparse massive MIMO channels[J/OL]. IEEE Communications Letters, 2015, 19(10): 1826-1829.

[115] Xie T, Dai L, Gao X, et al. Low-complexity SSOR-Based precoding for massive MIMO systems [J/OL]. IEEE Communications Letters, 2016, 20(4): 744-747.

[116] Couillet R, Debbah M. Random matrix methods for wireless communications[M]. Cambridge University Press, 2011.

[117] Gao Z, Liu S, Su Y, et al. Hybrid knowledge-data driven channel semantic acquisition and beamforming for cell-free massive MIMO[J/OL]. IEEE Journal of Selected Topics in Signal Processing, 2023, 17(5): 964-979.

[118] He H, Wen C K, Jin S, et al. Model-driven deep learning for MIMO detection[J/OL]. IEEE Transactions on Signal Processing, 2020, 68: 1702-1715.

[119] Liang L, Xu W, Dong X. Low-complexity hybrid precoding in massive multiuser MIMO systems [J/OL]. IEEE Wireless Communications Letters, 2014, 3(6): 653-656.

[120] Rappaport T S, Xing Y, Kanhere O, et al. Wireless communications and applications above 100 GHz: Opportunities and challenges for 6G and beyond[J/OL]. IEEE Access, 2019, 7: 78729-78757.

[121] Loshchilov I, Hutter F. Sgdr: Stochastic gradient descent with warm restarts[J]. arXiv Preprint arXiv:1608.03983, 2016.

[122] Cisco. Cisco Annual Internet Report (2018—2023)[R]. White Paper, 2020.

[123] Foschini G J. Layered space-time architecture for wireless communication in a fading environment when using multi-element antennas[J]. Bell Labs Tech., 1996, 1(2): 41-59.

[124] Roh W, Seol J Y, Park J, et al. Millimeter-wave beamforming as an enabling technology for 5G cellular communications: Theoretical feasibility and prototype results[J/OL]. IEEE Communications Magazine, 2014, 52(2): 106-113.

[125] Hoydis J, Brink S, Debbah M. Massive MIMO in the UL/DL of cellular networks: How many antennas do we need?[J/OL]. IEEE Journal on Selected Areas in Communications, 2013, 31(2): 160-171.

[126] Hochwald B, Marzetta T, Tarokh V. Multiple-antenna channel hardening and its implications for rate feedback and scheduling[J/OL]. IEEE Transactions on Information Theory, 2004, 50(9): 1893-1909.

[127] Subrt L, Pechac P. Controlling propagation environments using intelligent walls[C]. 2012 6th European Conference on Antennas and Propagation (EUCAP), 2012.

[128] Subrt L, Pechac P. Intelligent walls as autonomous parts of smart indoor environments[J]. IET Commun., 2012, 6(8): 1004-1010.

[129] Hu S, Rusek F, Edfors O. The potential of using large antenna arrays on intelligent surfaces [C/OL]. 2017 IEEE 85th Vehicular Technology Conference (VTC Spring), 2017: 1-6.

[130] Hu S, Rusek F, Edfors O. Beyond massive MIMO: The potential of data transmission with large intelligent surfaces[J/OL]. IEEE Transactions on Signal Processing, 2018, 66(10): 2746-2758.

[131] Renzo M D, Debbah M, Huy D T P, et al. Smart radio environments empowered by reconfigurable AI meta-surfaces: An idea whose time has come[J/OL]. EURASIP J. Wirel. Commun. Netw., 2019: 129. https://doi.org/10.1186/s13638-019-1438-9.

[132] Kaina N, Dupre M, Lerosey G, et al. Shaping complex microwave fields in reverberating media with binary tunable metasurfaces[J/OL]. Scientific Reports, 2014, 4(6693).

[133] Tan X, Sun Z, Jornet J M, et al. Increasing indoor spectrum sharing capacity using smart reflectarray[C/OL]. 2016 IEEE International Conference

on Communications (ICC), 2016: 1-6.

[134] Huang C, Zappone A, Alexandropoulos G C, et al. Reconfigurable intelligent surfaces for energy efficiency in wireless communication[J/OL]. IEEE Transactions on Wireless Communications, 2019, 18(8): 4157-4170.

[135] Tong L, Sadler B, Dong M. Pilot-assisted wireless transmissions: General model, design criteria, and signal processing[J/OL]. IEEE Signal Processing Magazine, 2004, 21(6): 12-25.

[136] Tong L, Perreau S. Multichannel blind identification: From subspace to maximum likelihood methods[J/OL]. Proceedings of the IEEE, 1998, 86(10): 1951-1968.

[137] Wan F, Zhu W P, Swamy M N S. Semiblind sparse channel estimation for MIMO-OFDM systems [J/OL]. IEEE Transactions on Vehicular Technology, 2011, 60(6): 2569-2582.

[138] van de Beek J J, Edfors O, Sandell M, et al. On channel estimation in OFDM systems[C/OL]. 1995 IEEE 45th Vehicular Technology Conference. Countdown to the Wireless Twenty-First Century, 1995(2): 815-819.

[139] Chen P, Kobayashi H. Maximum likelihood channel estimation and signal detection for OFDM systems[C/OL]. 2002 IEEE International Conference on Communications. Conference Proceedings. ICC 2002 (Cat. No.02CH37333), 2002(3): 1640-1645.

[140] Wu Q, Zhang R. Towards smart and reconfigurable environment: Intelligent reflecting surface aided wireless network[J/OL]. IEEE Communications Magazine, 2020, 58(1): 106-112.

[141] Basar E, Di Renzo M, De Rosny J, et al. Wireless communications through reconfigurable intelligent surfaces[J/OL]. IEEE Access, 2019, 7: 116753-116773.

[142] Akdeniz M R, Liu Y, Samimi M K, et al. Millimeter wave channel modeling and cellular capacity evaluation[J/OL]. IEEE Journal on Selected Areas in Communications, 2014, 32(6): 1164-1179.

[143] Liao A, Gao Z, Wang H, et al. Closed-loop sparse channel estimation for wideband millimeter-wave full-dimensional MIMO systems[J/OL]. IEEE Transactions on Communications, 2019, 67(12): 8329-8345.

[144] Mallat S, Zhang Z. Matching pursuits with time-frequency dictionaries[J/OL]. IEEE Transactions on Signal Processing, 1993, 41(12): 3397-

3415.

[145] Zhang K, Zuo W, Chen Y, et al. Beyond a gaussian denoiser: Residual learning of deep CNN for image denoising[J/OL]. IEEE Transactions on Image Processing, 2017, 26(7): 3142-3155.

[146] Trabelsi C, Bilaniuk O, Serdyuk D, et al. Deep complex networks[J/OL]. CoRR, 2017, abs/1705.09792. http://arxiv.org/abs/1705.09792.

[147] Xiao Z, Zhu L, Liu Y, et al. A survey on millimeter-wave beamforming enabled UAV communications and networking[J]. IEEE Communications Surveys & Tutorials, 2021.

[148] Gonzalez-Coma J P, Rodriguez-Fernandez J, Gonzalez-Prelcic N, et al. Channel estimation and hybrid precoding for frequency selective multiuser mmWave MIMO systems[J]. IEEE Journal of Selected Topics in Signal Processing, 2018, 12(2): 353-367.

[149] Gao Z, Dai L, Han S, et al. Compressive sensing techniques for next-generation wireless communications[J]. IEEE Wireless Communications, 2018, 25(3): 144-153.

[150] Lee J, Gil G T, Lee Y H. Channel estimation VIA orthogonal matching pursuit for hybrid MIMO systems in millimeter-wave communications[J]. IEEE Transactions on Communications, 2016,64(6): 2370-2386.

[151] Wan Z, Gao Z, Shim B, et al. Compressive sensing based channel estimation for millimeter-wave full-dimensional MIMO with lens-array[J]. IEEE Transactions on Vehicular Technology, 2019, 69(2): 2337-2342.

[152] Kaushik A, Vlachos E, Thompson J, et al. Efficient channel estimation in millimeter-wave hybrid MIMO systems with low resolution adcs[C]. 2018 26th European Signal Processing Conference(EUSIPCO). IEEE, 2018: 1825-1829.

[153] Lin X, Wu S, Kuang L, et al. Estimation of sparse massive MIMO-OFDM channels with approximately common support[J]. IEEE Communications Letters, 2017, 21(5): 1179-1182.

[154] Rao X, Lau V K. Distributed compressive CSIT estimation and feedback for FDD multiuser massive MIMO systems[J]. IEEE Transactions on Signal Processing, 2014, 62(12): 3261-3271.

[155] Xiao Z, He T, Xia P, et al. Hierarchical codebook design for beamforming training in millimeter-wave communication[J]. IEEE Transactions on

Wireless Communications, 2016, 15(5): 3380-3392.

[156] Lyu S, Wang Z, Gao Z, et al. Lattice-based mmWave hybrid beamforming[J]. IEEE Transactions on Communications, 2021, 69(7): 4907-4920.

[157] Huang Y, Liu C, Song Y, et al. Near-optimal hybrid precoding for millimeter-wave massive MIMO systems VIA cost-efficient sub-connected structure[J]. IET Communications, 2020, 14(14): 2340-2349.

[158] Xiao Z, Zhu L, Choi J, et al. Joint power allocation and beamforming for non-orthogonal multiple access (NOMA) in 5G millimeter-wave communications[J]. IEEE Transactions on Wireless Communications, 2018, 17(5): 2961-2974.

[159] Zhu L, Zhang J, Xiao Z, et al. Millimeter-wave NOMA with user grouping, power allocation and hybrid beamforming[J]. IEEE Transactions on Wireless Communications, 2019, 18(11):5065-5079.

[160] Wang Z, Li M, Liu Q, et al. Hybrid precoder and combiner design with low-resolution phase shifters in mmWave MIMO systems[J]. IEEE Journal of Selected Topics in Signal Processing, 2018, 12(2): 256-269.

[161] Sun Y, Gao Z, Wang H, et al. Principal component analysis-based broadband hybrid precoding for millimeter-wave massive MIMO systems[J]. IEEE Transactions on Wireless Communications, 2020, 19(10): 6331-6346.

[162] Alkhateeb A, Heath R W. Frequency selective hybrid precoding for limited feedback millimeter-wave systems[J]. IEEE Transactions on Communications, 2016, 64(5): 1801-1818.

[163] Feng C, Shen W, An J, et al. Weighted sum rate maximization of the mmWave cell-free MIMO downlink relying on hybrid precoding[J]. IEEE Transactions on Wireless Communications, 2021.

[164] Ma X, Gao Z, Gao F, et al. Model-driven deep learning based channel estimation and feedback for millimeter-wave massive hybrid MIMO systems[J]. IEEE Journal on Selected Areas in Communications, 2021, 39(8): 2388-2406.

[165] Jha N K, Lau V K. Online downlink multiuser channel estimation for mmWave systems using bayesian neural network[J]. IEEE Journal on Selected Areas in Communications, 2021, 39(8): 2374-2387.

[166] Lin T, Zhu Y. Beamforming design for large-scale antenna arrays using deep learning[J]. IEEE Wireless Communications Letters, 2019, 9(1): 103-107.

[167] Hu Q, Cai Y, Shi Q, et al. Iterative algorithm induced deep-unfolding neural networks: Precoding design for multiuser MIMO systems[J]. IEEE Transactions on Wireless Communications, 2020, 20(2): 1394-1410.

[168] Elbir A M, Papazafeiropoulos A K. Hybrid precoding for multiuser millimeter-wave massive MIMO systems: A deep learning approach[J]. IEEE Transactions on Vehicular Technology, 2019, 69(1): 552-563.

[169] Sohrabi F, Attiah K M, Yu W. Deep learning for distributed channel feedback and multiuser precoding in FDD massive MIMO[J]. IEEE Transactions on Wireless Communications, 2021, 20(7): 4044-4057.

[170] Attiah K M, Sohrabi F, Yu W. Deep learning approach to channel sensing and hybrid precoding for TDD massive MIMO systems[C]. 2020 IEEE Globecom Workshops (GC Wkshps). IEEE, 2020: 1-6.

[171] Bo Z, Liu R, Guo Y, et al. Deep learning based low-resolution hybrid precoding design for mmWave MISO systems[C]. 2020 IEEE Globecom Workshops (GC Wkshps). IEEE, 2020: 1-6.

[172] Hojatian H, Nadal J, Frigon J F, et al. Unsupervised deep learning for massive MIMO hybrid beamforming[J]. IEEE Transactions on Wireless Communications, 2021, 20(11): 7086-7099.

[173] Zhao Z, Vuran M C, Guo F, et al. Deep-waveform: A learned OFDM receiver based on deep complex-valued convolutional networks[J]. IEEE Journal on Selected Areas in Communications, 2021, 39(8): 2407-2420.

[174] Goutay M, Aoudia F A, Hoydis J, et al. Machine learning for MU-MIMO receive processing in OFDM systems[J]. IEEE Journal on Selected Areas in Communications, 2021, 39(8): 2318-2332.

[175] Dorigo M, Maniezzo V, Colorni A. Ant system: Optimization by a colony of cooperating agents[J/OL]. IEEE Transactions on Systems, Man, and Cybernetics, Part B (Cybernetics), 1996, 26(1): 29-41.

[176] Baek J, Han S I, Han Y. Energy-efficient UAV routing for wireless sensor networks[J/OL]. IEEE Transactions on Vehicular Technology, 2020, 69(2): 1741-1750.

[177] Mozaffari M, Saad W, Bennis M, et al. Mobile unmanned aerial vehicles (UAVS) for energy efficient internet of things communications[J/OL]. IEEE Transactions on Wireless Communications, 2017, 16(11): 7574-7589.

[178] You C, Zhang R. 3D trajectory optimization in rician fading for UAV-

enabled data harvesting [J/OL]. IEEE Transactions on Wireless Communications, 2019, 18(6): 3192-3207.

[179] Sun Y, Xu D, Ng D W K, et al. Optimal 3D-trajectory design and resource allocation for solar powered UAV communication systems[J/OL]. IEEE Transactions on Communications, 2019, 67(6): 4281-4298.

[180] Xu D, Sun Y, Ng D W K, et al. Multiuser MISO UAV communications in uncertain environments with no-fly zones: Robust trajectory and resource allocation design[J/OL]. IEEE Transactions on Communications, 2020, 68(5): 3153-3172.

[181] Lillicrap T P, Hunt J J, Pritzel A, et al. Continuous control with deep reinforcement learning [Z], 2019.

[182] Wang Y, Gao Z, Zhang J, et al. Trajectory design for UAV-based internet of things data collection: A deep reinforcement learning approach[J/OL]. IEEE Internet of Things Journal, 2022, 9(5): 3899-3912.

[183] Al-Hourani A, Kandeepan S, Lardner S. Optimal lap altitude for maximum coverage[J/OL]. IEEE Wireless Communications Letters, 2014, 3(6): 569-572.